U0279651

适应老龄化社会的住宅

——行为、辅具、服务与空间

中国建筑设计研究院有限公司适老建筑实验室　著

发展社会化居家养老是目前我国社会养老保障体系的必要补充，挖掘人、辅具、环境、服务的协同作用关系，进行适老宜居环境的精细化设计，将成为今后适老化设计发展的新趋势。本书包括老龄化社会下的人与家，住宅空间的声、光、热与空气，使用辅具的行为与空间，服务与空间四章内容，以图文并茂的形式，对适应老龄化居住环境的设计原理和设计方法进行研究和解读。帮助读者理解老年人在居住环境中的需求和感受，从物理环境、辅具使用、服务所伴随的空间变化等几个部分，展示老龄化社会下住宅需要改变或正在改变的地方。

本书读者对象包括适老宜居环境的相关研究、管理、设计人员，也包括老年人和老年人家庭，以及社区居家养老服务的工作人员。

图书在版编目（CIP）数据

适应老龄化社会的住宅：行为、辅具、服务与空间/中国建筑设计研究院有限公司适老建筑实验室著. —北京：机械工业出版社，2023.12（2025.4重印）
ISBN 978-7-111-75088-8

Ⅰ.①适…　Ⅱ.①中…　Ⅲ.①老年人住宅-建筑设计-研究-中国
Ⅳ.①TU241.93

中国国家版本馆CIP数据核字（2024）第040189号

机械工业出版社（北京市百万庄大街22号　邮政编码100037）
策划编辑：赵　荣　　　　责任编辑：赵　荣　时　颂
责任校对：张爱妮　陈　越　　封面设计：鞠　杨
责任印制：郜　敏
中煤（北京）印务有限公司印刷
2025年4月第1版第2次印刷
148mm×210mm·5.625印张·3插页·138千字
标准书号：ISBN 978-7-111-75088-8
定价：69.00元

电话服务
客服电话：010-88361066
010-88379833
010-68326294

网络服务
机　工　官　网：www.cmpbook.com
机　工　官　博：weibo.com/cmp1952
金　书　网：www.golden-book.com
机工教育服务网：www.cmpedu.com

MESSAGE

寄语

住宅具有家庭和社会的双重属性，老龄化社会进一步强化了双重属性的特征，为住宅“赋能”，赋予适老之能，对家庭和社会的意义显而易见。正是通过研究和实践生活中的细微之处，积极引导健康向上的适老方式，为老年人、老年人家庭、老年社会送上一份祝福。

——**刘燕辉** 中国建筑设计研究院资深总建筑（工程）师

设计空间就是设计生活，在老年人的生活和健康不断受到各种挑战的今天，建筑师的使命不是修饰浮华和锦上添花，而是解决居住生活中的燃眉之急，保证老年人得以平安地应对障碍和挑战，给老年人一个幸福满满的晚年生活！

——**胡惠琴** 北京工业大学 教授

伴随现代科技的快速发展，健康辅助技术在健康监测、功能代偿、健康照护、无障碍环境等方面发挥着越来越大的作用，给老年健康生活引入了新兴的力量和支撑。在老年住宅空间和功能设计上，融入健康辅助技术，实现人—辅助技术—住宅相互作用，降低老年人居家生活的各种功能障碍和不便，提升他们的生活自理能力，减轻家庭照护负担，实现安全、舒适的居家健康生活，将成为未来适老化环境建设的发展方向。

——**董理权** 中国残疾人辅助器具中心 副主任

本书编写人员

王　羽　王晓朦

王祎然　尚婷婷　金　洋　马哲雪

余　漾　姚亚男　王　玥　苏金昊

赫　宸　董晋航　刘　浏　吴金东

住房城乡建设部适老建筑与环境重点实验室共建单位专家

闫　媚　陶春静

本书指导专家

刘燕辉　董理权　胡惠琴　杜晓霞

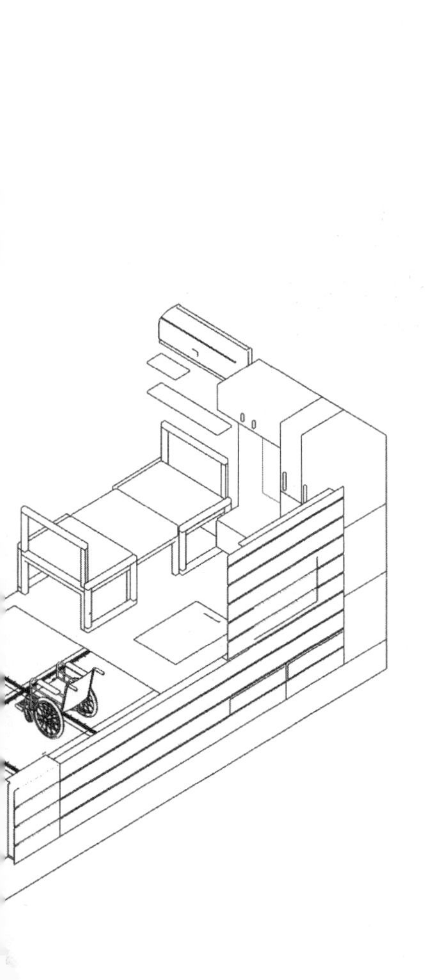

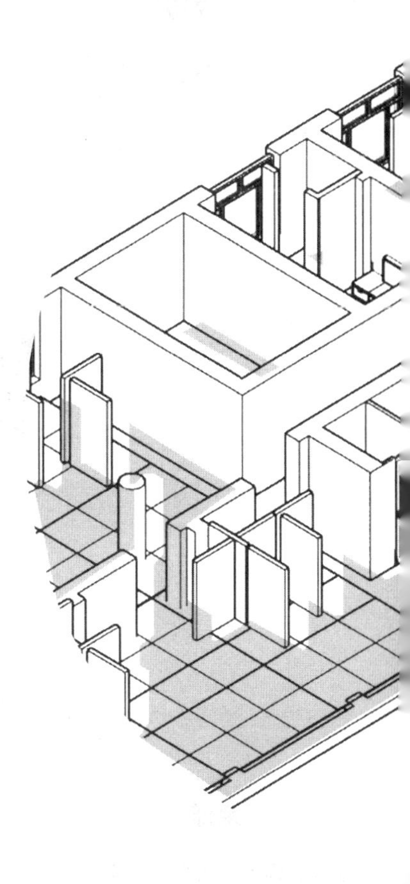

刘浏

建筑学硕士、中级建筑师。
毕业于北方工业大学，
研究方向为住宅和公建适老化改造、
适老化建筑产品与标准研究。

余漾

建筑学硕士、高级工程师 。
毕业于日本东京工业大学，
从事老年人人体工程学研究。

王羽

博士、研究员，毕业于日本大阪大学。中国建筑设计研究院适老建筑实验室主任、住房城乡建设部适老建筑与环境重点实验室执行主任、建筑环境优化设计与评测北京市重点实验室副主任、国家住宅工程中心老年与儿童宜居环境研究所所长、中国建科中央研究院养老设施与适老居住环境研究中心副主任、中国老年保健协会老年人健康环境专业委员会副主任委员兼秘书长、中国土木工程学会住宅专委会专家委员。长期从事适老健康环境设计与研究，牵头创建我国首个老年人环境行为学实验室——中国院适老建筑实验室，提出以老年人行为特征及需求为核心，跨领域多源数据验证的适老环境研究方法，突破行业传统研究手段，促进我国民生领域基础及应用科研与国际水平接轨。

马哲雪

建筑学硕士、工程师、助理研究员，
毕业于北方工业大学，
从事适老化改造与医养
结合养老机构研究。

姚亚男

工学博士、高级工程师，
中国建筑设计研究院有限公司与清华大学联合培养博士后，
研究方向风景园林与公共健康，
包括基于身心健康的工作环境绿色空间设计、
医养设施景观设计、
适老适幼健康环境、
低致敏性城市街区建设等。

王祎然

建筑学硕士，工程师。
毕业于重庆大学，
研究方向为适老居住环境
与居家适老化改造。

WELCOME

欢迎来到我们的适老建筑实验室

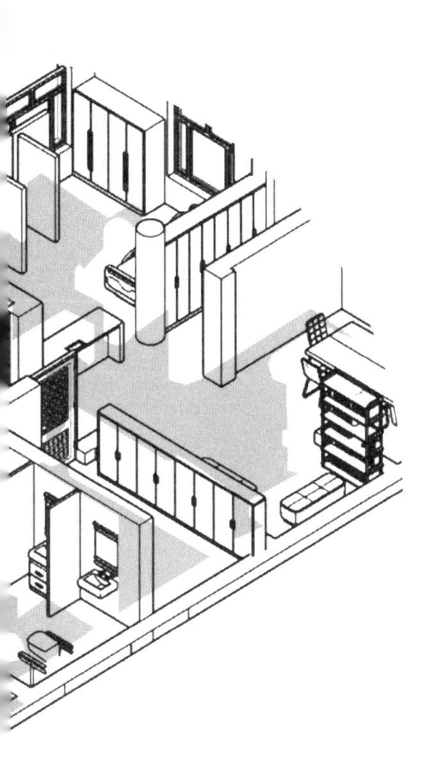

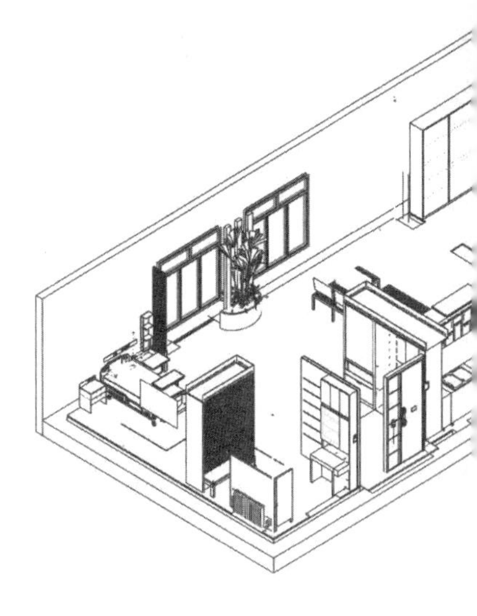

吴金东

工学博士、建筑师。
毕业于韩国釜山大学，
中国建筑设计研究院有限公司与清华大学联合培养博士后，
研究方向为城市街区适老健康环境营造技术与实验。

金洋

景观建筑硕士、中级工程师。
毕业于皇家墨尔本理工大学，
从事适老康复景观、
老旧小区适老化改造、
无障碍建设等相关研究
及技术应用推广工作。

赫宸

建筑学硕士、中级工程师。
毕业于哈佛大学，
从事适老适幼环境建设研究、
产品研发、
全龄化住宅技术研究、
儿童友好空间建设技术咨询等工作。

尚婷婷

工学硕士、工程师。
研究方向为适老物理环境模拟实验、
典型疾病老年人居家康复环境设计、
适老建筑产品研发等方面。

苏金昊

建筑学硕士，工程师，
毕业于美国仁斯利尔理工学院，
究方向为老年人室内物理环境研究与实践。

王玥

风景园林硕士、中级工程师。
毕业于阿德莱德大学，
从事适老康复景观、
儿童友好空间建设、
无障碍建设等相关研究及技术咨询工作。

王晓朦

建筑学博士、高级工程师。
毕业于日本九州大学，
研究方向为老年人居住环境改善问题研究与实践。

董晋航

风景园林学硕士、助理工程师。
毕业于墨尔本大学，
方向为适老健康环境营造研究与设计。

PREFACE

序

目前，我国社会已呈现出逐渐老龄化的同时伴随高龄化的特点：规模大、速度快、跨度长，适老住房、设施和服务需求快速增长。在这种现实情况下，如果仅依靠社会力量开展机构养老，那么从人力、环境、经济各方面，都需要非常高昂的社会成本。发展社会化居家养老是目前我国社会养老保障体系的必要补充，也是解决城市养老问题的重大战略选择。然而居家养老不等同于“家庭养老”，居家养老是让老年人在居家中享受到专业部门的社会化服务，从而支持老年人能在自己熟悉的家庭环境中生活的“社会养老”。适应老龄化社会的住宅设计顺应了我国老龄化社会发展的需要，是保障居家养老实施的重要抓手，是为我国身体机能衰退、居住条件有限、家庭照料能力低下的老年人群体所服务的。为了减少老年人在现有生活环境中所面临的诸多安全隐患和生活不便，通过软硬件层面的适老化设计，满足老年人功能补偿和环境改善等需求，推动居家养老模式发展，最终节约养老成本。

在我国推行居家适老化设计之初，为了更快推进居家适老化改造进程，重点关注了老年人共通性的使用需求与改造实施方法，如扶手设置、高差消除等。这几年，我们的研究团队走访了一些实施了居家适老化改造的家庭，常常出现扶手设置位置和高度不合理、消除高差的坡道坡度陡等现象，反而造成了一定的安全隐患。如果适老化设计出现了形式主义的现象，那么不仅是社会资源的浪费，还会影响老年人的生活安全。挖掘人、辅具、环境、服务的协同作用关系进行适老宜居环境的精细化设计，将成为今后适老化设计发展的新趋势。根据不同居住环境现状，可以为不同身体状态、不同经济水平的老年人家庭定制便捷、精准、匹配的适老化设计服务，形成多样化、差异化的适老宜居环境建设方案。

《健康中国2030规划纲要》《健康中国行动（2019—2030年）》等文件提出健康环境建设、健康老龄化思想，也对适老化设计提出了更高的要求。在居住环境设计方面，适老化设计逐步向“健康适老化设计”转变。例如，借助疗愈景观、康复环境等适老化设计理论，提升空间包容度，达成健康干预效果。因此，满足主动健康理念的适老化设计，就是相关环境或产品支持老年人由患者角色到生活者角色，由因为疾病而被动接受生活照料和康复护理到以重建生活并主动达成生活自理目标、促进自身健康的过程。适老化设计也需要吸纳新技术、新方法，为提升老年人健康行为主动性而服务。

适应老龄化社会的居住环境建设是一个跨学科技术领域，为了进一步提升研究成果的合理性与科学性，持续积累精细化参数数据作为今后的技术应用支撑，提供更加合理的无障碍适老环境建设综合性解决方案，2023年，中国残疾人辅助器具中心国家康复器械质量检验检测中心与中国建筑设计研究院有限公司适老建筑实验室共同成立了“适老环境与辅助技术联合科研实验平台”。该平台计划通过“适老环境与辅助器具”的跨界合作，最大限度发挥两大实验室的科学技术力量，在前沿技术研究、新产品开发、交叉学科人才培养等多方面开展相关工作，旨在多维度地提升适老化设计的科学性与精准性，让适老化设计更好地服务全社会的老年人与老年人家庭。

本书的目标并不在于深入地挖掘专业知识，而是面向更多老年人和老年人家庭，以及那些奋斗在一线的、提供社区居家养老服务的工作人员，帮助大家理解老年人在居住环境中的需求和感受，从物理环境、辅具使用、服务所伴随的空间变化等几个部分，展示老龄化社会下住宅需要改变或正在改变的地方。

人终有一老，本书希望在老龄化社会到来的当下，向读者多普及一些老龄科学知识，多宣传一些辅具使用方法，给老年人家庭提供更多种生活方式的选择。

王羽

中国建筑设计研究院有限公司适老建筑实验室　主任

CONTENTS

目录

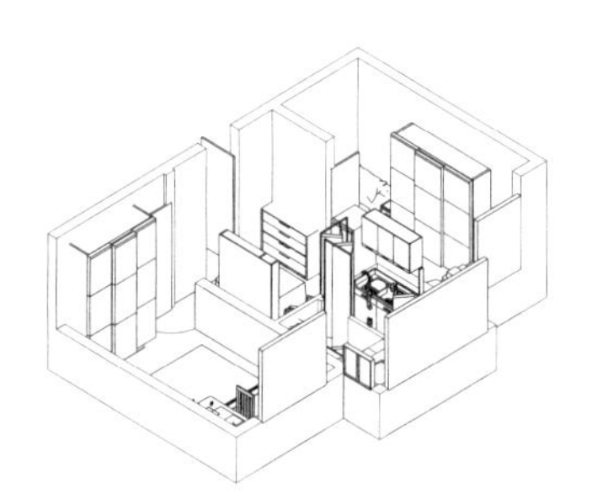

CHAPTER

第1章

老龄化社会下的人与家

中国老龄化社会的特征

习近平总书记强调："人口老龄化是世界性问题，对人类社会产生的影响是深刻持久的。"人口老龄化的根本原因在于出生人口的减少和人类寿命的增加，即低出生率和低死亡率，人口金字塔呈现收缩型。事实上，人口老龄化是社会发展进步的产物，是一种不可逆转的社会发展趋势，由此也带来了劳动力减少、照护需求不断增加、社会保障需求不断增加等问题，是21世纪世界各国共同面临的机遇和挑战。

人口发展特征

我国1999年开始步入老龄化社会。根据第七次全国人口普查数据显示，我国60岁以上老年人口数量已经突破2.6亿，达到总人口数的18.70%。根据国家统计局发布的历年人口统计数据，1949年新中国成立以来，中国分别于1950—1958年、1962—1975年和1981—1994年经历了三次"婴儿潮"，年均出生人口分别为2277万人、2583万人和2239万人。三次"婴儿潮"时期的出生人口在2010—2018年、2022—2035年和2041—2054年相继步入老年期，分别带来了三次人口老龄化"冲击波"，这构成了中国人口老龄化发展形势的基本面。2022年，中国第二次婴儿潮出生的人口正式迈入老年期，目前我国正在经历第二次人口老龄化"冲击波"。

根据研究，21世纪我国人口老龄化将呈现四个重要发展阶段。

（1）**快速人口老龄化阶段（1999—2022年）**。老年人口数量从1.31亿增至2.68亿，人口老龄化水平从10.3%升至18.5%。此阶段的典型特征是底部老龄化显著，少儿人口数量和比重不断减少，劳动力资源供给充分，是我国社会总抚养比相对较低的时期，有利于我国做好应对人口老龄化的各项战略准备。

（2）**急速人口老龄化阶段（2022—2036年）**。老年人口数量从2.68亿增至4.23亿，人口老龄化水平从18.5%升至29.1%。此阶段的总人口规模达到峰值并转入负增长，老年人口规模增长最快，老龄问题集中爆发，是我国应对人口老龄化最艰难的阶段。

（3）**深度人口老龄化阶段（2036—2053年）**。老年人口数量从4.23 亿增至4.87亿的峰值，人口老龄化水平从29.1%升至34.8%。此阶段总人口负增长加速，老龄化趋势显著，社会抚养负担持续加重并达到最大值（102%）。

（4）**重度人口老龄化平台阶段（2053—2100年）**。老年人口增长期结束，由4.87亿减少到3.83亿，人口老龄化水平始终稳定在1/3上下。这一阶段，少儿人口、劳动年龄人口和老年人口规模共同减少，各自比例相对稳定，老龄化高位运行，社会抚养比稳定在90%以上，形成一个稳态的重度人口老龄化平台期。

目前，我国正处在快速老龄化转入急速人口老龄化的阶段，在这一时期，我国的人口发展呈现以下特征。

（1）**我国人口出现负增长**。2023年1月17日，国新办举行2022年国民经济运行情况新闻发布会指出，2022年末全国人口（包括31个省、自治区、直辖市和现役军人的人口，不包括居住在31个省、自治区、直辖市的港澳台居民和外籍人员）141175万人，比上年末减少85万人。全年出生人口956万人，人口出生率为6.77‰；死亡人口1041万人，人口死亡率为7.37‰；人口自然增长率为-0.60‰。这是60年以来我国人口首次出现下降。2023年人口自然增长率为-1.48‰，仍呈现负增长趋势。

（2）**我国低龄老年人口增速较快**。2021—2023年，我国60岁及以上人口分别是26736万人、28004万人、28004万人，占全国人口的比重分别是18.9%、19.8%、21.1%，其中65岁及以上人口分别是20056万人、20978万人、21676万人，占全国人口的比重分别是14.2%、14.9%、15.4%。两年间，我国60岁及以上老年人口数占比分别增长了0.9%、1.3%，65岁及以上人口占比分别增长了0.7%、0.5%，可以看出目前60~65岁的低龄老年人口增长较快（图1-1）。

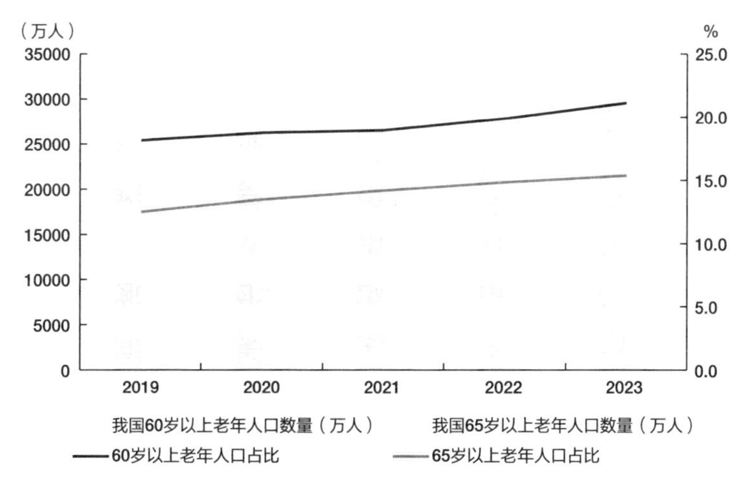

图1-1 我国老年人口数量及变化趋势（2019—2023年）

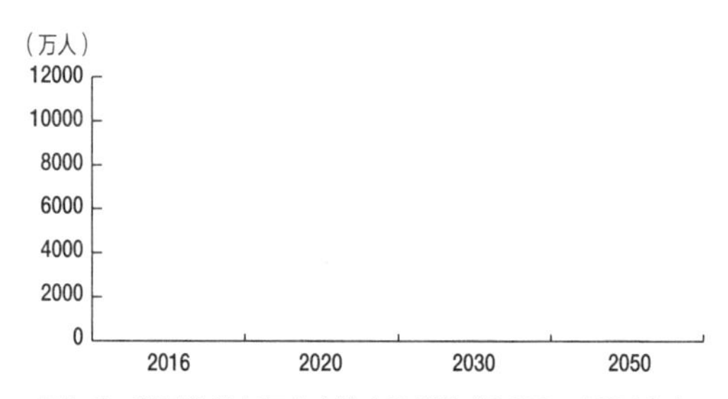

图1-2　我国失能老年人人数变动趋势（2016—2050年）

（3）**我国高龄失能人口占比加重**。第七次全国人口普查数据显示，我国60岁以上失能老人已超过4200万，即每6位老年人中有1位生活无法自理。全国老龄工作委员会办公室预测，到2030年，我国失能老年人将增长到6168万人，到2050年将增长到9750万人（图1-2）。并且，随着高龄老年人（80岁以上）的逐渐增多，其失能比例会不断上涨。根据相关资料，我国80岁以上的高龄老年人中，近一半为部分失能或完全失能的老年人。同时，伴随着照护人数的减少，依靠相关辅助设备进行照料有很大需求。

经济发展特征

从经济层面看，我国在中等收入阶段就已进入老龄化社会，发达国家基本都是在经济发展水平较高时进入老龄化社会。例如，根据世界银行数据，我国的邻国日本在1969年进入老龄社会时，国民净人均收入（2015年不变价美元）为23986美元，是我国进入老龄化社会时的3倍多；美国在1942年进入老龄化社会，国民净人均收入（2015年不变价美元）为47670美元，是我国的6倍多。

但是，我国的经济经过改革开放40多年的发展，已经取得了举世瞩目的成就，我国经济实力、科技实力、综合国力跃上新的大台阶。当前，我国已成为世界第二大经济体、第一大工业国、第一大货物贸易国、第一大外汇储备国。根据国家统计局数据，2023年，我国国内生产总值为1251297亿元，是进入老龄化社会时的12倍多，人均国内生产总值为88765元，是进入老龄化社会时的11倍多。

目前我国人口老龄化进程与当前进一步深化改革开放和推进新时代社会主义现代化建设战略安排相重叠，我国经济发展呈现以下特征。

（1）**劳动力结构变化**。随着老年人口比例的增加，劳动力市场中年轻劳动力的数量减少，这种变化使得劳动力供给相对不足。2022年末，全国16~59岁劳动年龄人口为87556万人，占比62.0%。与2021年相比，16~59岁劳动年龄人口减少666万人，比重下降0.4个百分点。在劳动力结构变化的背景下，传统依靠于人力的发展模式不再适用，倒逼相关企业进行技术投资与创新，从而降低劳动力减少产生的负面效应。以人力资源需求较大的老年照护机构为例，越来越多的机构引入移位辅具、陪护机器人、智慧管理平台等新技术手段减轻照护人员的依赖与负担。

（2）**消费结构变化**。老龄化社会下，我国的消费结构在不断发生变化，我国“银发产业”所面临的市场需求将不断扩大。老年消费市场逐步从完善养老服务体系满足基本生活需求向满足多样化消费需求发展，但目前我国养老服务产业供给仍存在较大缺口。以老年人康复辅具产品为例，发达国家目前已有4000余种，我国仅有1600余种，且仅约1/4的品种有实际产品，二者相差2.5倍。为加快银发经济规模化、标准化、集群化、品牌化发展，2024年1月国办发1号文件

《关于发展银发经济增进老年人福祉的意见》中在26个方面提出了具体举措，其中康复辅助器具产业、适老化改造也被重点提及。

（3）**消费水平提升**。2014年，我国最终消费支出对国内生产总值增长的贡献率达到了50.2%，超过资本形成总额。此后，消费对经济增长的贡献率一直呈波动上升趋势，国内经济发展从“投资驱动”逐步转变为“消费驱动”。2022年，我国居民消费水平31899元，是2000年进入老龄化社会时的8倍多。从2020年开始，出生于20世纪60年代的老年人陆续进入老年阶段（该数据国家统计局仅公布到2022年）。这一代老年人受教育水平高、家庭收入水平高、拥有稳定资产，再加上我国医疗卫生水平的不断提高，老年人在消费方面的时间和财富都将有所增加，成为老年消费市场发展的潜在基础。

适老化领域的技术发展特征

数字化已成为当前中国社会变迁的显著特征。数字技术正以新理念、新业态、新模式全面融入人类经济、政治、文化、社会、生态文明建设各领域和全过程，给人类生产生活带来广泛而深刻的影响。2018年、2020年工业和信息化部联合民政部、国家卫生健康委员会组织开展智慧健康养老应用试点示范申报工作，围绕健康监测、安全监控、养老照护、康复辅助、心理慰藉等重点方向，共遴选智慧健康养老应用试点示范600余家、智慧健康养老产品118项，并每年发布《智慧健康养老产品及服务推广目录》。入选的产品类别涉及可穿戴式设备、智能监测设备、基层诊疗随访设备、社区自助体验设备、家庭服务机器人、智能护理设备、智能康复设备等。人工智能、5G、物联网、大数据、边缘计算、区块链等新一代数字信息技术在适老化领域深度融合，在智能控制、智能辅具、智能服务平台等领域的应用不断拓展。

（1）**智能控制**。目前，智能控制系统通常使用无线技术（如Wi-Fi、蓝牙或ZigBee）连接设备和控制中心，允许通过智能手机、平板电脑或语音助手等设备远程控制家中的各种设备和功能，如照明系统、暖通空调系统等。与此同时搭配能源管理系统可以帮助用户监控和控制家庭的能源消耗，以提高能源效率并降低能源费用。目前在智能照明控制领域有多家知名品牌，他们提供各种智能开关、调光器和面板，并可与智能助手集成，实现语音或手机控制和自动化功能，通过灯光的智能调控有效吻合老年人的生物节律，从而促进老年人的睡眠与健康。

（2）**智能辅具**。辅助器具是用于辅助老年人生活的工具，各种各样的辅助器具能够帮助老年人补偿功能、克服障碍、改善状况，切实解决生活、出行、娱乐等方面的实际困难。随着科技的进步，辅具的科技含量越来越高。与此同时，我国失能老年人的不断增多，对智能辅具补偿部分生理缺陷有着巨大的需求。智能辅具涉及助听、助行、康复、护理等多个方面。如目前开发的智能眼镜能够帮助视力障碍或听力障碍的老年人进行正常交流；智能软骨骼机器人可以帮助下肢行走功能障碍的老年人提高患者的行走稳定性，提升步行能力。

（3）**智能服务平台**。目前国内涌现出一批智能养老服务平台公司，内容涵盖智能医疗服务、智能家居服务、智能护理服务等多个方面。通过智能服务平台的应用一方面能满足老年人及其家庭的需求，提高其生活质量；另一方面也便于服务平台的各个主体，如养老机构、医院、社区、政府等实施监管，提高管理与服务效率。要发挥智能服务平台的最大作用，离不开数据之间的互联互通，更离不开专业服务的有效支撑。

老龄化社会的家庭需求

居住模式选择

随着社会老龄化程度的加剧，我国老年人的养老模式以“社区+居家”养老为主。中国建筑设计研究院适老建筑实验室在2023年面向全国近千名老年人开展了一项居住实态及需求调研，数据显示，95%的老年人选择居家养老，仅有5%的老年人选择机构养老。受现实环境与传统文化影响，这种现象在大城市和北方尤为显著，据北京市民政局数据显示，目前北京市99%以上老年人选择居家养老，只有不到1%的老年人选择机构养老。因此，在老龄化快速发展的当下，保障居家养老的安全底线，提升社区为老服务的能力，为不同身体状态的老年人提供差异化的服务选择显得尤为重要。

居家养老的老年人中，目前一半以上与老伴同住，三分之一左右选择与子女同住，另有10%左右的老年人目前独自居住。在与子女同住方面，近六成的受访对象表示希望同子女在同一个城市，25%的老年人表示希望同子女居住在一个社区。这也体现了目前我国老年人想法的一个转变，多数调研对象并不愿意同子女同住，这就意味着，居家养老并不等同于“一定要与子女同住一个屋檐下”，而是更愿意同子女保持着“一碗汤的距离”。特别是在城市生活的老年人，随着自身经济的独立，他们更希望能有一些自己独立的生活空间同时也能和子女有一个便捷的联系，方便互相照顾。对于这部分有一定经济实力的老年群体，他们对于居住品质的需求为进行适老化改造提供了客观条件。

同时，我们也发现，当前的养老现实同理想之间存在一定差距。调查显示，有三分之一的老年人表示希望在身体状态不好的时候，能有专业的养老公寓或者机构给予照顾。当前的高端养老机构普遍存在供给过剩的问题，每个月动辄上万的养老费用使得普通的老年家庭难以负担。而对于性价比更高的社区养老机构也存在服务质量不均衡的问题，好的社区养老机构往往一床难求，服务质量不佳的机构则常年闲置，运营困难。

居住环境选择

对于目前居家及社区养老生活中，老年群体在养老生活中主要存在哪些问题呢？经过调研发现，就医不方便、缺少便民设施和缺少日常陪伴是老年人反映的普遍问题。

超过一半的老年人反映日常就医难、生活护理难。基于我国医疗资源分布的不均衡的现状，选择一个附近有比较好的医疗资源的居住环境成为不少老年人的刚需。45%以上的老年人表示日常生活中缺少便民设施，包括为老服务设施、无障碍设施以及电梯等适老环境的建设。近年来，随着老旧小区改造和完整社区试点的推进，补齐老旧小区服务短板成为重要改造内容，特别是针对“一老一小”服务内容的补齐也成为改造的重点。另外，41%以上的老年人反映缺少日常陪伴。这也是当前我国养老服务设施体系建设中忽视的一环，针对老年人的精神文化需求的满足将成为未来的重点。

社区作为居民生活的最小单元，承担着衣食住行等最基本功能的同时还需要满足不同年龄阶层的日常所需。相对于青年群体，“一老一小”全体在社区活动的时间相对更长。因此，社区配套要充分考虑到老年群体的日常健身及活动需求。调研结果显示，近70%受访者表示，“散步或户外锻炼”成为最主要的日常活动，除此之外，聊天、买菜及打牌、下棋等也是主要选择。与此相对应的是，参加培训、参加志愿者活动等占比相对较低。

从供给角度考虑，公园（广场）、运动健身场地及老年活动室是当前社区的主要供给，占比分别达到了63.7%、57.6%和49.7%。其中，老年活动室存在一定的错配问题。调研发现，仅有19.4%的老年群体表示，有去老年活动室读书及运动的需求。一方面，当前老年活动中心提供的活动项目对老年群体的吸引力不足；另一方面，由于宣传原因，部分老年人并不知道社区存在此设施。

居住空间的需求

1. 基础型需求

对于老年人而言，拥有健康的身体是老年人从事一切活动的基础。人类由低层次需求转向高层次需求的前提是必须充分满足其与安全及行为支持相关的基础型需求。

受到行动迟缓、视觉下降、感觉迟钝、记忆减退等生理机能的退行性变化以及高血压、心脏病、白内障、半身不遂等疾病的影响，老年人抵抗环境安全风险的能力有所下降，容易发生跌倒、烫伤、烧伤等在宅伤害问题。依据既往研究发现：在1409位老年人中，66.3%曾在家中意外受伤（“十三五”国家重点研发计划“既有居住建筑适老化宜居改造关键技术研究与示范”研究成果）。其中，厨房和卫生间是老年人在宅伤害的高发地（图1-3）。在厨房中，伤害主要包括烫伤、因地面湿滑而滑倒、因磕碰柜门而受伤等；在卫生间中，伤害主要包括因地面湿滑而滑倒、因卫生间存在出入口高差而跌倒或被磕碰等。总的来说，老年人经历的在宅伤害主要包括因滑倒而受伤、因磕碰而受伤、因地面的不平而跌倒受伤、在使用家电或物品时受伤等，其中滑倒占比最高，其次是被磕碰（图1-4）。

在宅伤害问题容易对老年人的身体健康，甚至生命安全产生较大威胁，因此，与安全相关的基础型需求成为老年人居家养老的刚性需求，尤其对于孤寡老年人、残疾老年人、认知障碍老年人等，此类需求更是突出。基础型需求不仅涉及防跌倒、防烫伤、防中毒、防火、防盗等环境安全风险防范方面，还涉及安全风险的预警提示与应急处理方面，从而全方位保障老年人的居家安全。

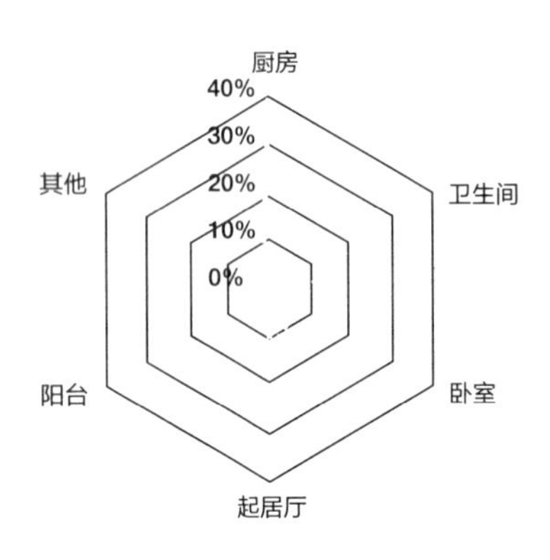

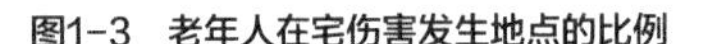

图1-3 老年人在宅伤害发生地点的比例

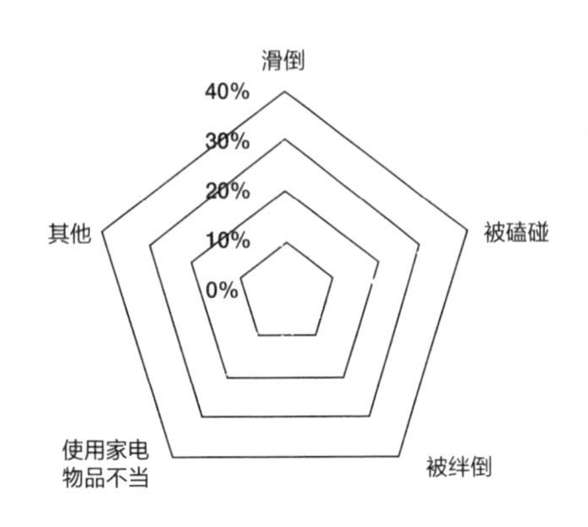

图1-4 老年人在宅伤害发生原因的比例

弯腰困难够不到、抬腿困难易绊倒、肢体受限起坐难、视觉退化看不清、听力下降听不清等问题在老年人生活中十分常见，所以他们更加依赖环境提供的行为支持，以辅助他们尽可能自理生活。依据既往访谈与调查问卷结果发现：在1192位老年人中（其中939位完全自理，205位基本自理，42位半自理，6位不能自理），92.5%的老年人表达了提高居住空间行为支持水平的期待，并提出具体的改善内容，主要涉及地面防滑、沿墙或在卫生间设置扶手、增加储藏空间等方面（图1-5）。

残疾老年人对提高居住空间行为支持水平的需求更为强烈。依据对59位残疾老年人（均为持有残疾证的老年人，其中包括17位肢体残疾、25位视力残疾、17位听力残疾）的实地访谈发现：对于肢体残疾老年人，常存在轮椅与助行架等辅具的使用空间不足、难以取放物品等困难；对于视力残疾老年人，常存在使用家电困难、难以察觉

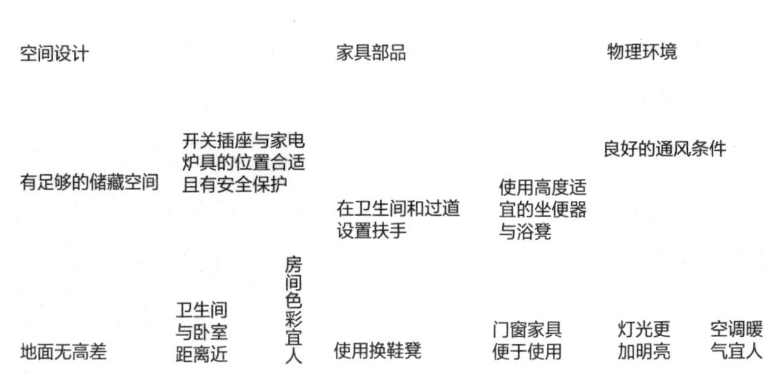

图1-5　老年人希望的居家环境改善内容

地面障碍物（随意摆放的桌椅、跌落于地面的物品等）等困难；对于听力残疾老年人，常存在信息摄取障碍与交流障碍，比如听不到门铃声、难以察觉突发情况等。他们需要居家环境从空间布局、家具部品、物理环境等方面提供更多的支持。

此外，老年人对居住空间行为支持的需求不仅是希望辅助老年人尽可能自理生活，还希望支持家庭照护高效开展，包括为助餐、助洁、助浴、助行、康复训练等行为提供条件与辅助，从而减轻照护者的照护压力。

2. 改善型需求

基础型需求之上，老年人还存在着改善型需求，是对老年人生活品质、居住条件的改善。改善型可以看作是基础型的升级版，即在满足居住的同时，也满足老年人对于生活舒适度的需求。改善型需求主要体现在物理环境方面，与年轻人相比，老年人对其更敏感，要求更高。老年人常说的“不冷不热，不潮不干，空气新鲜，光线充足”，对应了居住空间物理环境的多个衡量指标：温度、湿度、通风、采光等。对于年轻人来说尚可忍受的“冷、热、闷、湿、暗”，对于老年人来说可能十分敏感，甚至容易诱发疾病。

在既往老年人居家环境调研中发现，老年人家中常摆放一个甚至多个温度计，以随时观测每个房间的温度变化。由此可见，老年人对于室内温度普遍非常关注。寒冷地区，老年人对于室内夏季温度基本满意，而到了冬季，老年人对室内温度的满意度与住宅的日照时间和供暖质量密切相关。如果住宅的采光与供暖都很好，老年人对冬季温度就比较满意；但如果供暖不足，或是住宅的主要朝向为阴面时，老年人就会觉得十分寒冷。在一些典型的夏热冬冷地区（如上海、武汉），老年人对于温度的要求显得更为复杂。由于这些地区普遍没有集中供暖，外墙保温要求也不如寒冷地区高，老年人普遍表示“冬天太冷”。为此，电热毯、电暖气、空调等电加热设备在这些地区的普及率相当高。

湿度是老年人非常关心的室内物理环境指标，特别是一些患有心脑血管疾病、皮肤病等疾病的老年人，对此更加敏感。暖气太热、室内过于干燥导致寒冷地区老年人对于冬季湿度的不满，常存在老年人在白天关掉家中暖气，以避免“上火”，同时采取养花、在暖气上搭放湿毛巾、放置水盆或者使用空气加湿器等方式来调节室内湿度。湿度太大是夏热冬冷地区老年人对于湿度不满的原因，梅雨天气导致很多老年人胸闷、喘不上气，严重的甚至会诱发心脏病，部分家庭会采用除湿设备，如空调或抽湿器。

大部分老年人在选择住宅时，都会将房间朝向视为最重要的条件之一。阳光对于老年人来说，不仅仅意味着明亮和温暖，还意味着杀菌、明亮、快乐、被重视等很多意义。老年人对于阳光的渴望，不仅是生理需求，也是心理需求。

良好的空气质量对老年人的健康和舒适至关重要。老年人对于通风的需求分为室内外空气交换和室内各个空间之间空气交换。对于通风的需求，不同生活习惯和健康理念的老年人有着不同的看法。部分老年人觉得室外新鲜空气对健康有益，因此他们每天都积极地开窗通风，否则感觉屋子里 “有味道”。另一部分老年人因担心“受风”而不敢长时间开窗。对于室内各个空间的空气流通，多数老年人家中各个房间的门几乎从不关闭，一方面担心发生危险时不能及时求助，另一方面也能保持屋内透气。

3. 提升型需求

随着人均预期寿命的提升，慢性病高发成为老龄化社会的一大挑战。国家卫健委数据显示，现阶段我国超过1.8亿的老年人患有慢性病，患有一种及以上慢性病的比例高达75%。生活尚能自理，却被过度保护，部分老年人在家庭中的生活方式反而加速衰老，老年人同样需要刷“存在感”。 随着社会发展进步和人们意识的转变，老年人更加注重养生，更加重视生活质量，更多地从关注疾病治疗到看重自我实现、健康维护与促进，居住空间的功能提升呈现为庞大而刚性的需求。

2002年，世界卫生组织在马德里举行的第二次老龄问题世界大会上正式提出“积极老龄化”理念，发布《积极老龄化的政策框架》，强调人在一生中始终能发挥体力、社会、精神等方面的潜能，按自己的权利、需求、爱好、能力参与社会活动，政府应该为此提供支持。老年人都有追求老有所为、老有所用、老有所成的愿望。老年人尽管已经卸下了工作和生活的重担，但依然期望自己生活得有意义，期望自己对他人和社会有价值。这种需求体现了老年人对人生境界、人格尊严和自我价值的追求。在居住空间中，也应设置相应环境，以支持其需要。

人口老龄化的加剧，使智慧养老成为一个备受关注的话题。2020年中国智慧家庭产品出货总量达到2.15亿台，预计到2024年出货总量将增长至6.1亿台，越来越多的老年人开始关注智能科技，希望通过科技手段来改善自己的生活质量。智能家居产品是老年人较为关注的智能科技之一，老年人希望家居产品能够更加智能化，能够为他们提供更加舒适和便捷的生活体验。例如，智能门锁、智能昼夜节律调节灯光、智能家电等产品，都可以为老年人提供更加便捷的生活环境。此外，老年人的健康问题是智慧养老中需要重点关注的问题。老年人希望能够通过智能科技来监测自己的健康状况，例如智能手环、血压计、血糖仪等设备。通过这些设备，老年人可以更加方便地监测自己的健康状况，及时发现健康问题，并采取相应的措施。

当前智能化市场供应主要集中在安全和便捷产品上，但老年人的需求并不仅限于此。老年人在社交和娱乐方面也有很大的需求，并需要更多的陪伴和情感关怀。智能电视、智能音响等产品，能够提供更加多样化的娱乐体验，此外，老年人陪伴机器人等的使用需求迅速增长，机器人可以提供智能娱乐体验，降低学习难度，并实时与亲友互动。

适老性疗愈景观设计是指以环境中的组成元素（水、物、空间等）为基础，利用主动或被动接触的针对性设计为契机，通过刺激老年人的五感体验达到促进身心健康为目的，从而激发身体自我修复的功能，帮助缓解老年人的心理压力和改善因人口老龄化所造成的心理疾病。人类本身具有亲自然属性，很多老年人会在家中阳台或厨房种植植物以供观赏或食用，个别老年人还会配以微型流水景观。适老性疗愈景观设计与居住空间的结合正是迎合当下老年人健康提升需求的重要措施。

老龄化社会下的“好房子”

要明确老龄化社会下的好房子是什么样子的？可能首先需要知道老龄化社会下什么样的房子是不好的。

20世纪80年代初，伴随城市化快速推进，居住郊区化成为一种不可避免的发展趋势。20世纪90年代起，在城市更新改造和住房制度改革双重力量作用下，北京、上海、广州等超大型城市居住空间结构发生了巨大变革。其一，传统“职住接近”的单位大院空间逐渐被打破，住房来源更加多元化，居民住房自由选择余地和流动性比过去显著增强；伴随城市内部空间大规模重构，老旧住房空间小、物业不足、设备设施老化等问题影响了“房子”的“好”。其二，城市地价不断上升，新建商品房或保障性住房主要集中在城市近远郊区，不仅产生了看病难、出行难等城市问题，随着生活水平的提高、老龄化社会的来临，房屋的精细化设计不足、无障碍环境系统性缺失、辅助器具得不到普及、养老服务不足，都成为一个房子“不好”的标签。

中国古代早已对好房子提出了设想。东晋诗人陶渊明创作了《桃花源记》，以一个“虚构”的桃花源表达“真实”的居住理想。首先，自然环境安全而美好。村落外部有群山环抱、溪流过境；内部则土地宽阔、水土丰盈，有子孙后代持续发展的空间。有“良田美池桑竹”，说明土地肥沃、水源充沛、植被丰茂、生态环境良好、宜居。其二，规划建设整齐而有序。“屋舍俨然”说明村落规划合理，房屋建设整齐。“阡陌交通” 说明土地划分合理，道路四通八达。其三，“黄发垂髫，并怡然自乐”说明老有所养、少有所依，社会和谐，生活安逸。其四，聚居时久，持续发展。源中人避秦时乱，不知魏晋，六百余年，居住环境持久而稳定[㊀]。在传统文化中，老有所养是居住理想的一部分，而现在的住房，又是否能做到老有所养。这也是本书亟待寻找的答案。

国际上的老龄化社会下的住宅

1. 日本：长期优良住宅

日本于 2006 年颁布的《住生活基本法》，要求由国土交通省以10年为周期编制《住生活基本设计》（《住生活基本計画》），其

㊀ 《桃花源记》原文：“土地平旷，屋舍俨然，有良田、美池、桑竹之属。阡陌交通，鸡犬相闻。其中往来种作，男女衣着，悉如外人。黄发垂髫，并怡然自乐。”

当前正在实施的是《住生活基本设计》（2016—2025年）。《住生活基本设计》附录中指出住宅建设五年规划对“最低居住标准”“引导性居住标准”“住宅性能标准”和公营住宅供应量的目标要求，住房发展目标更偏重于居住生活的质量，强调住宅性能、环境和居住面积指标的地域性和针对特殊人群的适应性，从而更有效地指导地方政府根据自身情况进行居住条件和综合环境的改善。其中居住环境水平指标㊀也在《住生活基本设计》中被明确提出。

2009年日本实施《长期优良住宅普及促进法》，制定了长期优良住宅认定标准。长期优良住宅评定包括独栋住宅和集合住宅两种类型，其中集合住宅共设八个认定标准项，包括：①居住环境，采用能使居住环境维持和提升的措施；②住户面积，确保良好的居住水准必要的居住面积；③劣化对策，使用先进的住宅结构体；④构造躯体长期利用相关性能，满足保温隔热性能、无障碍要求等；⑤防震性，降低大地震时的损坏程度；⑥可变性，采取应对生活模式变化和居住空间变化的措施；⑦易于维护管理和更新，对内装体采取易于检查、清扫、维修、更新的措施；⑧计划性的维持管理，全生命周期下定期检查维修计划。

2. 英国：终生住宅（Lifetime Homes）

2011年，英国《终生住宅设计导则》（*Lifetime Homes Design Guide*）正式颁布，提出住宅设计标准应满足居住者不同时期的

㊀ 居住环境水平指标是指，地方公共团体在制定基本计划时，为了确保居民的居住生活稳定以及促进向上发展，制定相关政策的方向性的项目，作为该计划的目标而确定的具体尺变。

要求，为全龄化住宅的设计提供了技术指导。2011年起，所有政府新建住宅项目必须要达到“终生住宅”标准（Lifetime Homes Standard）；自2013年开始，则要求所有的新建住宅项目必须要达到“终生住宅”标准。其评价项目有16项，包括：①带有轮椅专用车位的停车场；②与住宅联系方便的停车场；③平缓的坡道；④住宅入口和高差处的良好照明；⑤方便使用的台阶和轮椅可用的电梯；⑥允许轮椅宽度通过的门厅和走廊；⑦预留餐厅与起居室中轮椅的回转空间；⑧在底层的起居室；⑨在底层预留的卧室；⑩允许轮椅使用的底层卫生间；⑪确保卫生间中的墙体能够安装扶手；⑫楼层之间预留电梯空间；⑬主卧与卫生间之间预留顶棚起重器械空间；⑭便于使用的卫生间；⑮起居室中适合轮椅尺度的窗户开启；⑯适合轮椅尺度的设施操控开关。

除了终生住宅的提供，英国在住房上对老年人的支持还体现在对老年人“独立自主生活”的支持上。如建立“认知障碍症老人友好社区”“庇护住房计划”“退休住房计划”等。

老年人视角下的“好房子”

中国城市住房百年变迁，面对我国社会的老龄化发展趋势，究竟什么是“好房子”？老年人视角下的好房子以及对应的“老龄化指标”的构思见表1-1。

表 1–1　老年人视角下的好房子与老龄化指标的构思

一级指标	重要度	二级指标	三级指标	老龄化指标
有所居	1	付得起	购买者能买得起 租赁者能租得起	卖得掉，资产保值
	2	住得下	住宅面积满足居住要求 住宅空间有助于代际关系良好、育儿友好、宠物友好	多出的房屋用于租赁形成养老资产
	3	位置好	通勤便利 就医、就学便利 生活服务设施健全 绿化、景观丰富	相同需求
	4	有的选	住宅产品体系完善 住宅部品丰富 适用于不同居住模式	多样化的老年住宅
有所享	5	保安全	建筑结构安全 抵抗地震、气候灾害等自然灾害 有效防止盗窃、抢劫等犯罪 无障碍、通用设计	安全保障更高效、更柔性化
	6	享健康	采光与通风良好 室内空气无污染 冬暖夏凉、能耗小	符合老年人对物理环境的需求
	7	功能优	充足的收纳体系 合理的使用动线 智慧化生活体验	紧急报警、符合老年人身体情况的功能与动线
有所依	8	有人管	物业管理完备 居家服务充实	养老服务充实
	9	方便修	设备、管线容易更换 修理井道并设置在合理位置 修理不影响邻里的生活	同需求
	10	可改造	可应对家庭构成的变化 可应对家庭成员的老龄化 可应对生活方式的变化	同需求

老龄化社会下的“好房子” 是适老化居住环境的一部分，居住环境又是良好人居环境的一部分，因此不能只关心住宅，将住宅和它的外部环境划清界限，这将不利于营造良好的人居环境，也将无法改变住区和城市的不适老性。从更好的人居环境出发，住宅应该如何评价好坏呢？

（1）**老年人“与自然相伴相知”**：住宅应该感知自然，这里的自然既是指生态属性的自然，也是指社会属性的自然。住宅外即为景观，同时住宅也是景观的一部分。

（2）**老年人的房子“与城市相生相融”**：住宅、住栋、住区应该是开放的、与城市相融的。住区不应该把城市割成一块块的土地，而是通过道路、服务设施、商业设施，把住宅与城市联系在一起。

（3）**老年人的房子“与区域互为名片”，保值可变现**：积极让公共艺术、多元文化进驻住宅，改变“千城一面”，带给住区特色，带给区域名片。同时，房子本身的价值也可以成为老年人养老的资本之一。

（4）**老年人的房子周围要“保韧性、留弹性”**：推动“韧性”住区的技术发展，减少自然灾害带给住宅的损伤，让老年人可以安全地、快速地恢复正常生活；预留留白用地，提供给住区更多未来的可能。

（5）**老年人的房子要有“朴素的中国美学”**：推崇自然、安静、禅意的东方美学设计，减少刻意的符号，强调回归朴素的日常，淡化住宅的身份标签，让住宅成为真实生活的一部分。[㊀]

㊀ 引自马岩松《新住宅宣言》。

CHAPTER

第2章

住宅空间的声、光、热与空气

物理环境指标的再考量

有老年人的空间

世界卫生组织研究显示全球约70%的疾病、40%的死亡与环境因素密切相关，多种与环境因素相关的疾病的发病率呈逐年上升的趋势。2018年，世界卫生组织发布《世卫组织住房和健康指南》（*WHO Housing and Health Guidelines*），指出住房环境在生命安全保障、预防疾病、提高生活质量等方面意义重大，室内拥挤、低温、高温、空气污染物、吸烟、噪声、石棉、氡、铅及饮用水质量等环境因素均会影响居住者身体健康状态，比如室内拥挤与呼吸系统疾病、心理问题或睡眠紊乱之间，室内低温与呼吸系统疾病、心血管疾病的发病率（或死亡率）之间，均具有明显关联性。

随着年龄增长，人的感觉系统、运动系统、免疫系统等会出现不同程度的退行性变化，导致老年人对环境的适应能力逐渐减弱。对于居家养老的老年人，大部分时间会在家中度过，住宅的环境品质会对老年人的居住舒适性与便捷性产生直接影响，甚至对生命安全和身心健康产生威胁。

其中，感觉系统退化具体表现为：对光的感知能力与色彩的识别能力下降，并易发生白内障、青光眼等眼部病变，导致老年人分辨不清物体大小、距离、颜色等信息；听觉能力出现极大减退，甚至耳聋，使其分辨环境声音能力下降；嗅觉和味觉退化，导致其对气味不敏感，不易察觉有害气体，不易品尝出食物的美味与新鲜程度；触觉退化包括对物体、温度、疼痛的感知能力等，使老年人易在季节交替时患病，并难以对伤害性刺激做出有效躲避反应。

运动系统退化具体表现为：腰部力量及四肢力量衰退、灵活度下降，且活动容易受限，尤其在上下楼梯时抬腿费力、穿鞋时弯腰和下蹲困难、如厕时起坐和转身困难、取放物品时抬臂或弯腰困难，同时由于肌肉力量下降，还会容易感到疲惫；步态稳定性下降、平衡能力和应急处理能力下降，容易跌倒；骨骼弹性和韧性降低、脆性增加，容易发生骨折，且骨折后由于新陈代谢缓慢，恢复周期相对较长，容易在卧床休息阶段，产生并发症。

免疫系统退化具体表现为：免疫系统动态调节能力下降，抵御寒冷与高温、抵抗细菌与病毒等能力减弱，对环境的适应能力下降，导致面对突然变化的气候天气、携带病毒的空气与物品时，更容易生病或患慢性疾病，且不易好转。

总的来说，不适宜的居住环境会使老年人面临多种安全与健康风险。例如，屋内地面湿滑或地毯松动、缺乏楼梯栏杆或扶手、通道杂乱、照明不良等会增加老年人滑倒或摔倒的可能性，增加受伤的风险；供暖不足或室内高温会促发心血管疾病等急性事件；室内空气污染容易诱发心血管疾病，并损害呼吸系统健康、皮肤健康等。

因此，老年人照护模式需要从之前“长期照护”转向“长期照护+风险预防”，适老环境营造的重点也需要从“生活照护”转向“生活照护+疾病康复”，更加注重环境对老年人健康的干预作用，以避免更多低龄老年人进入失能或半失能状态，延长高龄老年人的健康自理期。

居家环境对老年人健康的影响可分为两大方面：其一是环境对老年人康复行为的支持与干预，需要考虑布置恰当且灵活的空间、提供具有康复与辅助作用的家具部品、引入具有疗愈作用的室内景观等，以满足老年人有接受上门康复服务及在家中适度锻炼、尽可能自主活动及参与家庭活动、建立自信心及摆脱消极情绪等需求；其二便是住宅的设备系统给予支持，突出水、空气以及声、光、热等物理环境对老年人健康的促进作用，降低安全风险、减少不必要的刺激、并赋予积极的刺激。

空间的光

人一生的视觉变化

人的视力会随着年龄的增长而产生变化。出生时，婴儿对强光非常敏感。人们可能会注意到他们的瞳孔看起来很小，因为这样会帮助婴儿限制进入眼睛的光通量。新生婴儿可以通过他们的周边（侧面）视力看到他们旁边的东西，但他们的中心视力仍在发育。几周内，随着视网膜的发育，婴儿的瞳孔会扩大，大形状的物体和鲜艳的颜色可能会开始吸引他们的注意力。婴儿也可能开始专注于他们面前的物体。在大约1个月大时，他们最感兴趣的是离他们很近的物体。在大约 2个月大时，随着视觉协调性的提高，婴儿通常能够用眼睛跟随移动的物体。在大约5个月大时，婴儿看到物体离他们有多远的能力（称为深度感知）得到了更充分的发展，他们可以更完整地从三维看待世界。在大约9个月大时，婴儿通常可以很好地判断距离，这时他们开始独自站起来。在大约10个月大时，婴儿通常可以看到和判断距离，足以抓住拇指和食指之间的东西。

3~4岁时，儿童手眼协调和精细运动技能增强，这在拼图或拼搭玩具方面会很明显。而增强的视觉记忆有助于孩子在绘画时复制圆形等形状，同时他们可能会回忆起某些记忆中的事情并以此直观地讲述一个故事。4~6岁时，眼睛可以识别字母和物体，同时两只眼睛可以更好地一齐工作，帮助深度感知充分发展，有助于孩子判断物体和自己之间的距离。具有良好深度感知的孩子在运动中感到很舒服。从儿童时期至20多岁时，眼睛则继续发育，不过这种变化很难被察觉。在这期间，眼睛将继续加强在聚焦变化、深度知觉、识别跟踪、双眼聚焦等方面的能力。

在20岁出头时，眼睛和视觉系统已经完全发育。大多数人发现他们的视力和眼部健康通常在 20~30多岁时保持稳定。在40~65岁时，眼睛可能会发生重大变化。最常见的变化是老花眼，人们需要将阅读材料远离他们的眼睛。这种情况通常始于30多岁至40多岁中期。眼睛的晶状体（位于瞳孔后面）随着年龄的增长而变得不那么灵活，使其更难阅读和执行其他近在咫尺的任务。视觉系统的性能随着年龄的增长而下降，并可能伴随着多种眼部疾病的困扰。

老年人的视觉特性

视觉系统的性能随着年龄的增长而下降，其衰退通常在40岁左右开始显现。由于晶状体随着年龄的增长而逐渐混浊，到达视网膜的蓝光（400~500nm）较少，到80岁时，不仅会导致视力丧失，还会导致昼夜节律不稳定。因此，对年轻人合适的照明，并不一定适合老年人。

当设计室内和室外照明设施时，应考虑与年龄相关的眼部变化，主要包含以下变化。

（1）**老花眼**：当人体晶状体和睫状肌随着年龄的增长聚焦能力逐渐下降时，就会发生老花眼。这使得阅读或近距离观察物体变得困难。这些变化可能会在一个人的40多岁时就开始发生，并随着年龄的增长而恶化，但可以通过老花镜、双光或三焦点矫正法来进行矫正。

（2）**明暗适应能力下降**：强光适应或黑暗适应所需的时间会随着年龄的增长而显著延长，并且会严重影响一个人在不同照度空间之间导航的能力。老年人从明到暗过渡时的适应时间比从暗过渡到明的时间要长得多，因此，在白天，楼栋出入口需要为老年人设置更明亮的照度；相反，在夜间，大厅需要稍微暗一些，而老年人经常光顾的房间和建筑物附近区域的照度应均匀分布，以避免居住者在空间之间移动时适应困难。

（3）**散射**：主要是由于晶状体中的大蛋白质、角膜、玻璃体、巩膜和视网膜的混浊导致。散射导致来自视网膜图像的光被转移并扩散到视网膜的相邻区域，减少了预期图像上的光量，又增加了看到图像的背景中的光量，导致降低视网膜图像的对比度。

（4）**神经完整性受损**：受体及其神经网络的完整性随着年龄的增长或者疾病而受损，导致感受视野缩小，进而提升了对照明的要求。

（5）**对比灵敏度减弱**：检测空间相邻区域之间照度差异的能力随着年龄的增长而减弱。

（6）**瞳孔缩小**：随着年龄的增长，瞳孔变小并且对光照水平的变化反应减弱。这在昏暗的光线下会导致危险，因为老化瞳孔的最大直径比年轻眼睛的直径小得多，导致到达视网膜的光线严重减少。

另一方面，随着年龄增长，眼部患病的概率会显著增加，而眼部患病将严重影响老年人的视觉能力，对日常生活产生不便。以下将介绍几种常见的眼部疾病（图2-1）。

（1）**视网膜脱离**：年龄的增长导致支撑视网膜的玻璃体液的黏度增加，严重时，视网膜可能会从眼睛后部分离并向前漂浮到玻璃体腔中。这通常伴随着“飞蚊症”（细胞碎片）和闪光的增加。视网膜通常可以重新附着。

（2）**青光眼**：这是眼前房水流入和流出之间的不平衡，导致液体压力增加。随着时间的推移，这种情况会损害视神经，并可能导致视力部分丧失甚至失明。

（3）**年龄相关性黄斑变性**：这会影响视网膜上黄斑区域清晰精确成像的能力。目前的研究表明，黄斑变性是由内源性变化、遗传和环境因素引起的。视网膜随着年龄的增长（超过50岁）而导致的化学变化和对炎症的遗传易感性是参与诱导黄斑变性的重要自然因素。环境因素包括吸烟、空气污染以及紫光和蓝光（400 ~ 440 nm）。任何引起眼睛炎症反应的东西（例如，病毒或细菌感染、身体损伤）都会加剧和损害视网膜并导致其退化。

对于“干”式黄斑变性，最佳治疗方法首要选择药物治疗。病人

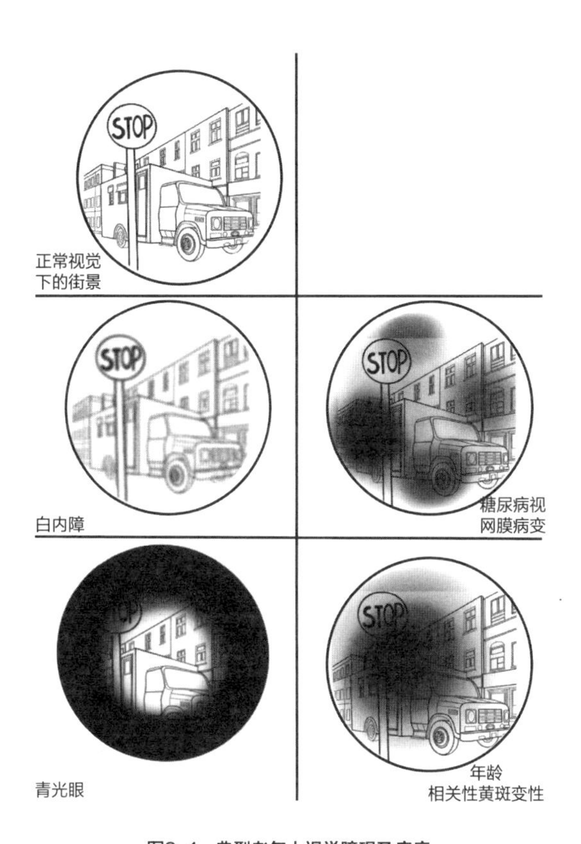

图2-1　典型老年人视觉障碍及疾病

可以在医师的指导下补充一些眼用的抗氧化药物，包括叶黄素、微量元素。这些抗氧化物质可以延缓干性黄斑变性的发展并且缓解病症不适。但有一点需要注意因为该类药物具有比较强的还原性，因此对身体的损伤比较大，药的剂量要少并且需要大量喝水，减小药物浓度从而减轻药物对身体的副作用。

对于“湿”式的黄斑变性，抗血管生成药物和激光手术可以阻止这些血管的生长，并且可以保留患者的视力。替代受损人类视网膜的干细胞目前正在临床试验中。已发现过滤紫色和蓝光（400~440 nm）可以延缓“干”和“湿”式黄斑变性的进展。

（4）**糖尿病视网膜病变**：这是糖尿病的常见并发症，会在视网膜中的小血管开始渗漏时发生，导致水肿（炎症）、渗出物（液体释放）并最终丧失视力。

（5）**视网膜图像完整性白内障（晶状体混浊）**：当晶状体中的散射变得严重以至于开始对视觉表现产生负面影响时，被认为已经发展为白内障。人体晶状体随着年龄的增长和/或紫外线累积而从淡黄色变为深棕色。黄色晶状体过滤掉所有到达视网膜的 UV-A 和 UV-B 辐射；然而，随着黄色晶状体变暗，它也开始过滤掉短的蓝紫色可见光（主要低于500nm）。颜色变得不那么鲜艳，白色可能呈现黄色，并且可能更难辨别蓝色和绿色之间的差异。晶状体和玻璃体也存在与年龄相关的缓慢混浊变化，导致视网膜照度降低和光散射增加，进而造成眩光和对比度降低，边缘和细节变得不那么明显，并且由于眩光，物体会看起来更大，模糊了更多的视野，最终降低视网膜图像质量。为了减少白内障的影响，可能会增加照度水平，但这也会增加由于散射引起的眩光。

老年人的生活与光环境

适当的照明可以补偿视觉系统中许多与年龄相关的变化，进而保障老年人的日常生活便利与安全。当设计室内和室外照明设施时，应考虑以下照明特性。

（1）**亮度值和反射率**：亮度值为设计人员提供有关视觉环境的信息。当材料反射率以及观察者的位置和方向已知时，设计人员可以计算出指向眼睛的光量。此信息可以用于得出亮度比和亮度对比度，这对于控制眩光和提高可见性非常重要。

（2）**活动照度**：在执行视觉任务时，需要高于环境水平的光照水平。无论哪种情况，光源类型、光谱功率分布、光学器件和光照水平都很重要。

目前大多数LED灯是连续光谱光源，可以获得良好的色彩再现，并且提供可以取代大多数白炽灯的设计风格和光束宽度。此外，由于它们的预期寿命很长且使用温度较低，因此它们是凹槽和橱柜下照明的最佳选择。与荧光灯一样，LED灯也有一系列相关色温（CCT）可供选择，并且它们的维护成本要低得多，因此成为工作照明的绝佳选择。最新的LED灯还提供可调白光配置，不仅可以在光输出中调节照度，还可以调节 CCT 以改变冷暖色温。

（3）**阴影和面部识别**：阴影通常会降低能见度并形成不规则阴影图像，使老年人分心或感到困惑。如果光源间隔太远，不均匀的光分布可能会导致阴影图案具有过高的对比度。如果光线从多个方向到达表面，阴影会变得柔和。房间表面的高反射率哑光饰面会有所帮助，因为它们以漫射方式反射光线，有助于洗掉强烈的阴影。间接照明也可以通过柔化刺眼的阴影来提供帮助。虽然阴影会导致视觉不适和混乱，但正确使用阴影也有利于揭示物体的形状和空间的方向。

面部识别是室内和室外空间中的重要照明考虑因素。应避免定向向下的光线，因为它会在脸上造成刺眼的阴影。入口通道的照明在安全性方面尤为重要，因为它可以帮助老年人识别身份。放置在门两侧的壁挂式灯具可以产生良好的面部照明。类似的技术可以应用于浴室，将灯具放置在镜子的两侧，浅色哑光台面会将光线反射回面部和颈部。在接待区、餐厅和活动室等社交空间中，同样的灯光设计可以帮助老年人正确识别面部表情并通过唇读的形式改善沟通。这对有听力障碍的老年人尤其重要，因为他们依赖于视觉线索和唇读。

（4）**安全照明**：安全照明通常用于寻路、指出潜在危险，例如台阶、地板水平变化或材料变化。在对照明光束控制和环境识别要求比较高的环境中，应使用具有适当光学性能的LED灯或卤钨灯。荧光照明也可用于区域重点。安全照明所需的光照水平应明显大于该区域的环境照明（图2-2）。

（5）**灯具放置**：由于老年人的眼睛对眩光具有很高的敏感性，因此高亮度（明亮）光源应避免直视，以免产生眩光。而反射眩光通

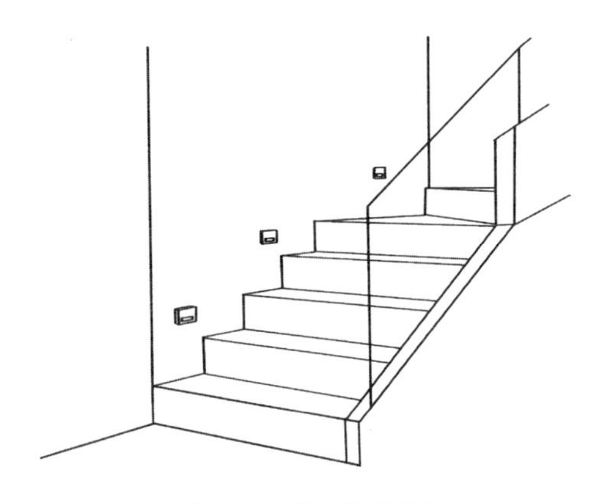

图2-2　合理的安全照明布置

常是由镜面材料或灯具扩散器引起的。因此，应调整灯具位置，以避免特定使用位置出现反射眩光。此外，高度抛光的家具或建筑饰面、镜子和闪亮的配件也会产生难以消除的反射，因此，有时对房间家具进行简单的重新布置可以提供比更换或重新定位灯具更经济的解决方案。

用于坐着阅读或手工作业的便携式照明设备应将光线投射到整个工作区域，而人不必向灯具倾斜。台灯和落地灯上的半透明灯罩有助于保持房间照度平衡，而下边缘较宽的灯罩会将光线扩散得更远（图2-3）。

（6）**遮蔽反射**：遮蔽反射会降低对比度并模糊细节。当光源从工作平面形成镜面反射并进入眼睛时就会发生。当光源的明亮图像叠加在工作平面上时，降低了对比度和可见性（图2-4）。遮蔽反射问题的解决方案是确保没有光源或区域（如窗户）产生针对人眼的镜面反射。

图2-3　合理的灯具放置可以帮助老年人进行日常生活

图2-4　遮蔽反射造成无法识别内容

适用于老年人的照明，需要整体协调照明环境的设计原则。大多数情况下，他们需要更高的照度、无眩光以及增强的亮度或色度对比度。此外，应限制连续空间之间照度的突然变化来减少老年人眼睛需要明暗适应的时间。楼梯、平台和门口等危险区域也应特别注意，以便轻松识别和导航标高与障碍物的变化。老年人也需要一定的工作照明来帮助他们完成生产力、认知、创造力和愉悦等必要的视觉任务。

住宅光环境的改善方法

视觉环境的质量对于老年人和视障人士来说非常重要，因为它会影响他们的健康和安全。光线的使用在进行设计时，需要解决老年人和视障人士遇到的绝大部分视觉缺陷（如适应速度较慢、视网膜照度降低、辨色能力差和眩光等）。由于光和颜色在设计决策中无法分开，因此在设计时将这些元素一起考虑非常重要。精心选择设计元素，包括图案、纹理、颜色对比、价值对比和光泽，对于创造一个易于理解和安全通行的空间非常重要，并且不会造成身体和情感上的危害。以下将简要介绍一些住宅光环境的改善方法。

（1）**空间外观和表面特征**：无论是室外区域、大堂、会议室还是走廊，在进入空间时，自然要环顾四周，了解空间的轮廓和布置，以确定方向。对于视力正常的人来说，这只需要几秒钟。然而，老年人会停下来，使用更长的时间才能获得有关空间的信息。有助于帮助老年人识别空间的元素是各类型建筑元素（包括地板、墙壁、顶棚、门和门框）和标牌，以及空间内的家具和其他物体。当所有各种元素之间存在明显的对比度（或亮度对比度）时，老年人能快速理解视觉环境。

（2）**颜色**：颜色会影响可见性和美观性。许多因素会影响颜色外观，包括颜色（或色调）本身、明度和饱和度、提供的光量、光源的光谱功率分布、观察者的色彩感知能力以及房间或空间中物体和表面的透射和反射特性。应使用显色指数（CRI）大于80的光源，以确保正确的色彩感知。

（3）**光泽度**：影响可见度和安全性的另一大表面属性是光泽度。从照明设计的角度来看，光泽度是需要考虑的一个重要方面，因为材料的光泽度与光源的位置、方向和强度的组合将决定用户感知到的亮度、对比度和眩光感。

描述光泽度的常用术语包括哑光、中等光泽度以及镜面反射或高光泽度。从哑光表面反射的光被漫反射，降低了成像质量，而高光泽度表面则会反射不同的图像，并常常会产生反射眩光。一般对室内地板或外部步行表面使用哑光饰面，以避免镜面反射产生的反射眩光和视错觉。另外，太阳照射具有镜面反射的大型垂直表面将产生类似的反射和眩光。

（4）**质地**：通过质地的变化提供给感官信息，可作为提示或警告，帮助老年人识别危险。

（5）**图案**：具有大比例漩涡或几何图案的表面会令人困惑，并掩盖了重要的视觉提示，例如台阶边缘（图2-5）。行走和过渡表面的均匀性是一个安全问题，楼梯则是最关键的区域，不应设计会掩盖台阶边缘的图案。一个没有视觉混乱的行走表面，可以帮助老年人识别重要的视觉信息。

图2-5 错误的材质及纹理搭配容易造成危险

（6）**灯具的外观**：外观既包括一个区域或空间中的家具和灯具等元素的排列，也包括它们之间的关系。这些元素提供有助于用户定位的视觉提示。研究表明眼睛会被吸引到亮度较高的区域，因此明亮的区域对构图和方向很重要，并可以传递重要的视觉信息。

通常照明系统提供漫射光或聚焦用定向光。这两种系统的结合可以为老年人提供最大的好处。来自点光源的定向光可以显现物体的表面纹理，但可能无法提供均匀一致的照明水平。来自间接光源的漫射光将提供更大的均匀性，但会最大限度地减少纹理等细节特点。带有浅色哑光挡板或半透明扩散器的直接/间接灯具可以在屏蔽眩光的同时照亮表面，会使空间看起来更大更安全（图2-6）。

（7）**日光集成与控制**：研究表明，观看户外活动对心理和生理健康很重要。户外视图还提供有关一天中时间和天气的提示，并允许个人有机会专注于远处的物体，从而使眼睛的肌肉得到放松。

日光和阳光可用于帮助照亮空间，但应注意控制光的数量和分布，并控制热量增加。有时，窗户附近的内表面需要更多的照明，以减少这些表面与窗户之间的亮度对比度。日光可以有效用作环境照明，但由于日光的不可预测性，可能需要补充人工照明来满足作业需求。

（8）**物体表面的光分布**：灯具的间距和光线分布以及投射阴影的物体产生的图案会影响任务的可见性、舒适度和感知。应避免过亮或明显阴影的刺眼图案，因为它们可能会在视觉上分散注意力并产生混淆（图2-7）。表面的亮度不应有极端差异。例如，顶棚和墙壁的亮度比例应在3:1以内。然而，亮度过于均匀的空间也会缺乏视觉趣味。

（9）**任务平面上的光分布（均匀性）**：任务平面上的阴影图案可能会分散注意力或令人困惑。这些光模式会影响任务的可见性、舒适度和感知。一般来说，任务照度应大于周围环境。任务平面亮度比

图2-6　合理的直接与间接照明结合

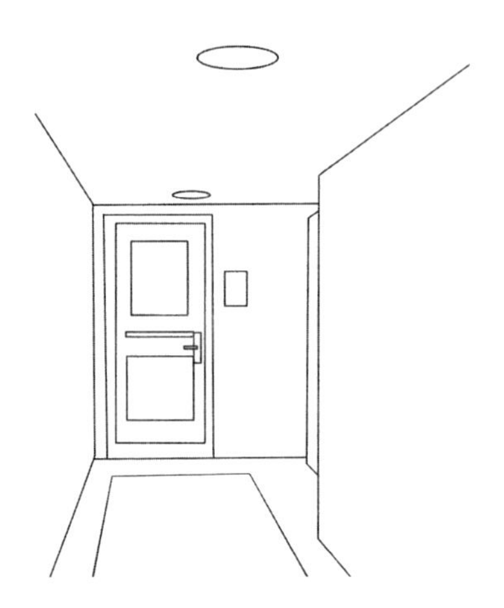

图2-7　错误的灯光分布容易造成危险

周围区域高1.5~3倍，有助于将注意力引导到任务上，但应避免更大的亮度比，以尽量减少视觉疲劳。

（10）**房间表面的亮度**：房间表面亮度会影响整个空间亮度的感知。照度和反射率会影响亮度。高反射率的哑光表面是增加房间表面亮度的有效材料。具有高反射率的内表面（墙壁50%~70%，顶棚75%~90%）有助于减少灯具与其背景的不良对比度。高反射率值还可以以更少的能量产生有效的照明环境。深色吸收光线，需要更多的照明设备和电能来达到推荐的光照水平。具有适当反射率的哑光饰面有助于防止过度的亮度比和镜面反射，并且这些表面还可以成为次要光源，但应注意它们不应出现可能的眩光。

（11）**家具和其他独立物品**：家具和物品，如雕塑或垃圾箱，应在色调、明度和对比度上形成对比，使视障人士容易看到，而不会造成行走危险。

空间的声音

人一生的听觉变化

通常越年轻，听力越好。健康年轻人的“正常”听力频率范围为20~20000Hz。随着年龄的增长，首先失去的是高频音。因此，当进入中年时，就只能听到14000Hz左右的声音。与年龄相关的听力损失（或老年性耳聋）会随着年龄的增长而自然发展，并且由于外部因素（包括环境和现有的医疗条件）导致听力可能开始过早恶化。

许多儿童和青少年可以听到18000Hz以上的频率，青少年和年轻人的临床正常听力通常约为16000Hz。这个上限往往会持续几十年，但能听到最高音调声音所需的音量稳步增加，直到这种能力消失。到50岁时，大多数人根本听不到14000Hz以上的噪声，平均音量上限通常接近11200Hz。到70岁时，在正常噪声水平下可以听到9800Hz的声音，对于大的噪声，最大只能听到约为12000Hz的声音。

老年人的听觉特征

听力损失是一种极其常见的疾病。世界卫生组织（WHO）估计，全世界有超过4亿人受到听力损失的影响。听力损失的发病率随

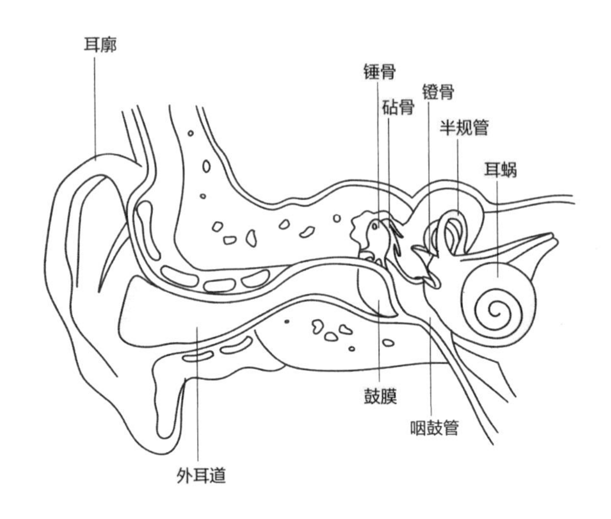

图2-8　耳朵构造

着年龄的增长而增加，每十年的患病率几乎翻一番。随着人口老龄化，听力损失的患病率预计将上升。

老年人听力损失的原因是复杂和多因素的。随着年龄增加，衰老会在各种器官系统之间相互作用，基本的体内平衡和生理状况也会随着年龄的增长而改变。通常，外耳的主要功能是集声增压和声源定位，然后，中耳放大并将声波从空气传递到充满液体的内耳，最后，内耳将声波的机械能转化为电化学刺激，作为大脑耳蜗核的动作电位（图2-8）。这些通路的任何中断都可能导致听力损失。尽管具体的患病率难以定义，老年人的听力损失大部分归因于年龄相关性听力损失（Age-Related Hearing Loss，ARHL）或老年性耳聋。

虽然老年人听力损失的原因数不胜数，但主要原因如下。

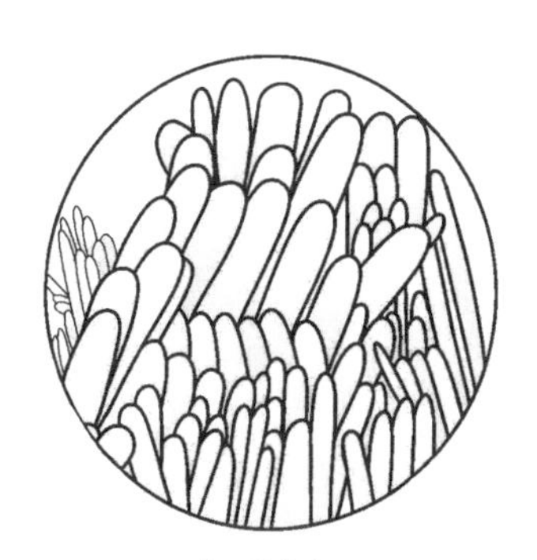

a）正常状态下

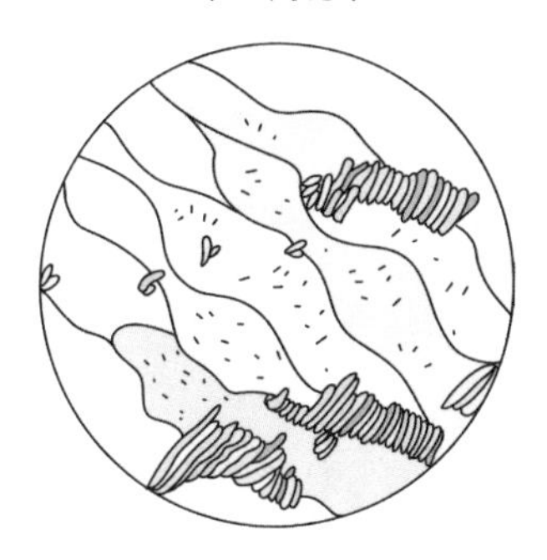

b）非正常状态下

图2-9 立体纤毛栖息在内耳耳蜗的感觉毛细胞上

（1）**年龄相关性听力损失（ARHL）或老年性耳聋**：一种常见的双侧感音神经性听力损失，具有广泛的多因素病因，包括遗传、长期噪声暴露、随年龄增长的微血管变化和代谢改变。与年龄相关的变化导致耳蜗毛细胞丢失、耳蜗神经纤维丢失、血管纹变性以及耳蜗管的物理变化（图2-9）。ARHL主要影响较高的音调和辅音，这会导致单个词语语音理解和沟通能力不佳。听力损失也会导致声音定位困难，尤其是在存在背景噪声的情况下。

（2）**噪声诱发性听力损失**：通常为双侧感音神经性听力损失，但当一侧声源接受一直比另一侧大时，这可能会诱发单侧听力损失。这种听力损失是由于过度强的声音导致渐进式剪切力损害内耳的结构，特别是毛细胞。

（3）**耵聍栓塞/外耳道碎片**：单侧或双侧传导性非病理性听力损失，导致声音无法充分到达中耳和内耳结构。这种情况可能突然出现（当耵聍累积到可察觉的听力变化水平时）。通常情况下，患者在清除耵聍或碎片后，听力正常化。

（4）**管状胆脂瘤**：一种典型的单侧传导

性听力损失，可能是获得性（创伤或炎症后）或自发性。通常是由于管壁中局部区域异常鳞状上皮增生的结果。

（5）**耳硬化症**：通常表现为单侧传导性听力损失，由迷路性硬化症引起，导致镫骨固定，从而无法将声波从鼓膜传递到内耳。

总体而言，老年人的听力损失对老年人的生活质量有很大影响。世界卫生组织将听力损失列为老年人的第二大障碍。此外，老年人的听力损失与人际健康直接相关，受影响的人表现出更高概率的孤独、抑郁和认知能力下降。

迄今为止，尚无治疗可以逆转ARHL。由于老年人听力损失的许多原因（包括ARHL）通常是不可逆转的，因此早期诊断、治疗和教育对于更好地帮助听力损失患者至关重要。

老年人的生活与声环境

听力损失会影响认知健康。研究表明，听力损失的老年人比听力正常的老年人患痴呆症的风险更大。听力损失的老年人的认知能力（包括记忆力和注意力）下降速度快于听力正常的老年人。最近对几项研究的分析发现，与未矫正听力损失的人相比，使用听力修复设备（如助听器和人工耳蜗）的人长期认知能力下降的风险较低。

听不清的老年人可能会变得沮丧或远离他人，他们因不理解所说的话而感到沮丧或尴尬。有时，由于听力能力下降，老年人被错误地认为是困惑、反应迟钝或不合作，这些情况可能导致社会孤立和自身的孤独。

听力损失，即使是少量的听力损失，也与跌倒风险增加有关。它还会影响公共和人身安全，例如当警告声音难以被听到时其安全驾驶的能力。

典型的听力损失患者的家人或朋友可能会注意到患者听力困难，例如难以理解言语，需要声音很大的电视或广播，或社交互动的变化。询问症状的发作和持续时间时，必须仔细注意。还应询问左右耳的差异、饱胀感、耳漏和耳痛。听力损失的某些原因也具有较高的眩晕、耳鸣和前庭功能障碍的发生率，因此应在病史中评估每种原因。此外，相关的声音暴露史、家族史和耳毒性物质是重要的考虑因素。

听力损失患者应始终进行彻底的头颈部体检，包括鼓膜可视化和诊室听力检查，如音叉检查和大体听力检查（手指摩擦试验）。这些简单的检查技术可能首先引导患者朝着正确的诊断方向前进，并且通常具有可靠的特异性。

住宅声环境的改善方法

1. 朋友和家人如何帮助听力受损的老年人？

老年人和家人可以共同努力使听力损失后的日常生活更轻松，以下是一些可以执行的简单操作。

（1）**告诉家人有关听力损失的事情**。告诉的朋友和家人越多，就会有更多的人帮助应对听力损失。

（2）**让朋友和家人在说话时面对老年人，这样老年人就能看到他们的脸**。通过观察他们脸的移动和他们的表情，老年人可以更好地理解他们。

（3）**要求人们大声说话，但不要大声喊叫**。告诉他们不必慢慢说话，只要说得更清楚。

（4）**当不主动收听电视或收音机时，请将其关闭**。

（5）**注意周围的噪声会使听力更加困难**。例如，当去餐馆时，不要坐在厨房附近或附近演奏音乐的乐队附近。背景噪声使人很难听到说话。

2. 老年人居家声环境设计要点

良好的声音环境设计会帮助提升听力受损老年人的生活质量，它可以改善睡眠质量，减少烦躁不安、焦虑和行为症状，最终还可以减轻老年人和护理人员的压力水平。一个好的居家声环境设计应该注意以下几点：

（1）**内部空间布局及可见度**：患有听力障碍的老年人会使用不同的方法进行交流，包括但不限于书面语言、辅助设备、手语或在某些情况下简单的口头语言。平均而言，只有三分之一的口语可以通过演讲阅读（或唇读）来理解。因此，关键是通过创造舒适的空间条件，帮助对话者始终能够舒适地面向对方，而不必在交谈时停止看着对方。对于超过4人的空间，考虑使用宽敞的、圆形分布而不是线性分布来让所有参与者都可以看到彼此，以此促成开放的沟通渠道，分区和移动家具可以帮助组织具有这些特征的房间（图2-10）。

出于类似的原因，光线不仅在确保舒适性方面发挥着重要作用，而且在这种情况下在确保通信方面也起着重要作用。与肤色形成对比的颜色有助于其他人更好地感知面部表情和手部动作。自然或人工照

图2-10　环形布置可以帮助老年人识别对方面部及肢体动作

图2-11　颜色可以帮助老年人快速识别空间

明需要确保清晰的可见度，但应避免眩光。灯光分布应保持连续以避免可能令人不安的氛围的突然变化。同时颜色、阴影甚至振动可以帮助有听力障碍的老年人更好地理解或警惕周围的环境（图2-11）。

（2）**声学优化**：无论老年人听力损失程度如何，患有听力障碍的老年人会以高度分散注意力的方式感知声音，特别是对于使用辅助设备的人。由声波引起并由坚硬表面反射的混响可能会分散他们的注意力，甚至对他们来说很痛苦。改善室内空间的声学主要包括通过识别周围材料的吸收水平来减少混响，正确分配噪声或声源，例如机器或扬声器，并根据每个空间的使用情况考虑环境噪声梯度（图2-12）。

（3）**材料、物体及新科技**：通过考虑吸收性和反射性材料的特性来实现，以减少从一个空间传播到另一个空间的声音强度，或者考

图2-12　地毯可以帮助改善空间声学特征

虑材料在日常使用中的影响：避免过于明亮的表面或地板、家具中的材料，这些表面或材料通常会在接触时引起噪声（例如移动家具时）或传递振动（例如行走时产生回响的木地板）。

除了覆层材料外，还可使用其他一些物体和新技术。视觉标志，如灯光或数字警报，或通过白板或颜色代码进行书面交流，这些可以作为日常沟通的简单解决方案。一些新技术可以将声音转换为图像和振动以获得更复杂的体验，如识别环境声音的应用程序（例如洗衣机）或将警报转换为颜色。

3. 住宅声环境具体功能空间设计要点

理想状态下，住宅应远离外部噪声源。如果无法做到这一点，则应定位卧室、活动区和社交空间等老年人日常高频使用的区域，采用必要工程技术手段以便屏蔽外部侵入的噪声源。住宅的设计应使各个功能区域分别进行隔声封闭，以尽量减少与清洁和维护活动相关的噪声影响其他区域。例如，安装在卧室的门可以在进行清洁时关闭以保证清洁噪声不会影响卧室区域。吸声设计应融入走廊、客厅、餐厅等活动区域的顶棚，以减少混响并提高隐私性。以下是对住宅各个功能区域的声环境设计的介绍。

（1）**卧室**：卧室对于老年人来说是一个重要的地方，因为它通常是老年人在一天中活动最多和停留时间最长的地方。在这个个人空间中，老年人需要能够将他们的电视或收音机调整到他们可以舒适听到的水平，由于许多老年人也患有听力损失，这意味着卧室内的噪声水平可能达到80dB左右。为了卧室的噪声不会对其他人造成干扰，应使卧室与其他内部空间隔开的墙壁、地板、顶棚和门的设计和建造达到足够的隔声效果。

另一方面，卧室应远离高噪声区域，如厨房、客厅等。如果卧室必须位于这些区域附近，则分隔墙、地板或顶棚应采用不连续的结构。通过这些结构的所有管线都需要进行声学处理，以确保分隔墙、地板或顶棚的整体声学性能不会受到影响。

卧室内的混响控制也非常重要。建议使用吸声顶棚以及窗帘和软垫家具等软家具。暖通空调设备和管道系统的设计应满足推荐的设计声级以及等效平衡噪声标准（NCB）曲线，以最大限度地降低音调。

（2）**餐厅及客厅等活动区域**：餐厅布局应确保通过活动区、餐厅的人流量最小。同时应限制房间大小，因为较小的房间空间也有助于降低混响时间。

控制这些空间内的混响时间至关重要，因此顶棚高度不应过高。应根据需要对顶棚和墙壁进行吸声饰面。柔软的地板覆盖物（如地毯和软垫）优于硬地板（如瓷砖或木材），以减少脚步声和掉落物品等来源的噪声。这些房间内的座位安排很重要，应该帮助每个人看到与他们交谈的人的脸，并且彼此靠近以确保良好的听力。应避免使用大型餐桌，客厅中的椅子应靠近放置，以便交谈。家具的选择需要与空间的声学要求保持一致。软垫家具和窗帘可用于帮助软化空间，而餐垫将在餐桌摆放和清理时降低餐具和陶器的声音水平。

（3）**厨房**：老年人在厨房中多进行活动可以促进其独立程度，从而让厨房活动中熟悉的声音帮助老年人产生回忆并充当感官提示。但厨房仍需要与餐厅和客厅进行声学隔离，以确保厨房的噪声不会影响老年人的其他日常活动。厨房应远离老年人习惯的活动区域。厨房内的噪声水平应通过在顶棚区域安装吸声器、使用橡胶或防滑聚氯乙烯（PVC）地板而不是瓷砖、将声学衰减纳入厨房供应和排气系统以及采购低噪声设备（如洗碗机和搅拌机）来降至最低。

（4）**厕所与浴室**：来自厕所和浴室排气扇的噪声可能会给老年人带来焦虑和困惑，应予以减弱。由于使用厕所和浴室有可能产生莫名其妙和响亮的噪声，因此需要混响计算及控制以减少这些噪声的影响。整合混响控制最简单的方法是在空间中安装吸声顶棚。顶棚需要由防潮、防霉、防细菌、防化学烟雾的面板组成，并在需要时能够擦洗干净。

（5）**室外区域**：室外区域可能包括花园和阳台。应根据需要使用隔声屏障或吸收处理，尽量减少噪声从这些区域侵入室内。

4 空间的温度与空气

老年人在室内热环境和空气环境中可能出现的适应障碍

随着年龄增大，人体热感觉越发迟钝。既往研究表明老年人往往无法根据室内环境温度的变化做出相应的调节行为。随着衰老，基础代谢率显著降低，老年人体内产热量减少，因此在冷暴露下，为维持人体核心温度加重了负担。老年人群体中主动脉弹性减弱，心肌细胞的体积减少，心肌收缩力量降低，心血管系统储血差，同时皮肤汗腺的数量和汗液的分泌量均减少的现象较为普遍。以上变化使得老年人在热暴露中散热功能差，易发生中暑现象。年龄增长造成的动脉硬化、血管壁增厚，影响身体外周血液循环，皮肤血管对冷热反应迟钝，血管收缩和扩张能力均下降，从而使身体在应对环境改变时不能做出有效的调节。

一部分研究成果也证实了以上观点。有日本学者关注到老年人在冬天和夏天容易体质变差，甚至还会出现低体温的中暑。因此，该学者以阐明老年人对温度环境的适应性为目的，以7名老年人（61~65岁）和7名年轻人（20~28岁）为对象进行了体温调节反应的研究，将被试验者分别置于室温36℃和室温20℃的环境中安静（静止）90分钟之后，再移至28℃的环境中静止。结果发现在暴露初期（36℃）以及在暴露终了之后（28℃）的环境中，老年人显示出舌下温度比年轻人高的现象。历经20分钟之后，老年人的舌下温度又

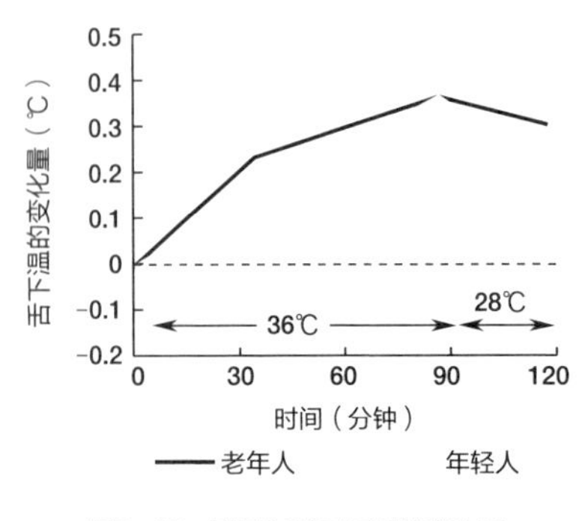

图2-13　酷暑时的舌下温的变化量

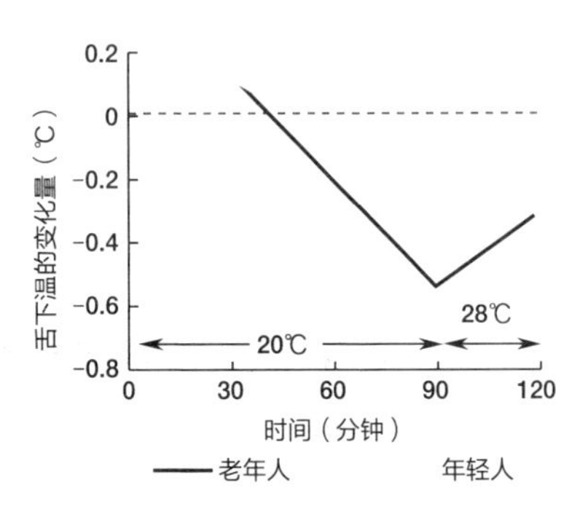

图2-14　寒冷时的舌下温的变化量

比年轻人低。在再暴露后（28℃）的环境中，老年人舌下温度的回升延迟（图2-13），寒冷时也有同样表现（图2-14）。以上实验结果表明，老年人体温调节反应迟钝，由此引起内部体温的变化也相对缓慢，进而显示了老年人的体温调节能力低下、容易受环境温度影响的特点。

上述热环境适应问题仅是老年人在温热环境中所产生的众多障碍的表现形式之一。

有学者将老年人在室内热环境中有可能出现的问题归纳为体温调节障碍、冷热感觉障碍、加重其他障碍病症、对替代性机能的妨碍等六个方面（表2-1）。下文将对其中较为典型的发汗障碍、产热异常、血管调节障碍、冷热感觉障碍等症状所对应的主要人群、致病缘由进行简要阐述。

（1）**发汗障碍**：发汗障碍属于老年人体温调节机能问题中较为典型的一种症状，主要在脊髓受到损伤后的肢体活动不自由者，或者有麻风病的老年人患者中较为常见。然而，即使是日常障碍并不明显

表2-1 老年人在室内热环境中有可能出现的障碍

冷热障碍类型	冷热障碍的症状	冷热环境	相应的疾病种类
体温调节障碍	发汗障碍（中暑倾向）	高温	脊髓损伤、麻风病等
	发热过多（运动性）	高温	脑瘫
	发热过多（内因性）	高温	甲状腺病等
	血管调节障碍（放热过多）	低温、气流过大	脊髓损伤等
冷热感觉障碍	冷热感觉麻痹	危险温度	脊髓损伤、麻风病等
	冷热感觉异常（受寒等）	低温	脊髓灰质炎等
加重其他障碍病症	加重麻痹、痉挛、疼痛等症状	低温、多湿	脑瘫、脊髓损伤、慢性关节炎等
	影响肾功能	低温	慢性肾炎、高血压等
	梗死性发作	低温、高温变动	心肌梗死、脑梗死等
	影响血压	低温、高温变动	高血压疾病
	呼吸机能降低	低温、干燥	哮喘、脑瘫等
加重其他障碍病症的负担	尿频（排尿障碍）	低温	脊髓损伤等
	着衣厚重（对运动障碍者）	低温	各类运动性麻痹
	腹泻	低温	脊髓灰质炎、脊髓损伤等
对替代性机能的妨碍	指尖感知力低下	低温、干燥	视觉障碍
对障碍有益的影响	听力增大	多湿	听觉障碍

的老年人，有记录表明他们仍有可能出现发汗延迟或减少的症状。健康老年人的出汗障碍虽然并不像上述症状典型，然而其原因也并不明朗。一般被认为是由知觉的迟钝和中枢的信息处理能力的下降所影响，脊髓的某处有可能存在不易被发觉的损伤。

（2）**产热异常**：即便人体体温的调节功能可正常工作，如果由于某种其他原因代谢产生的热量过多或过少，也会对老年人适应环境温湿度造成一定程度的障碍。老年人的基础代谢率有所降低，体温调节功能异常，应激反应有所迟钝，同时与后述的血管调节障碍一起，一并成为低体温症的危险因素。

（3）**血管调节障碍**：老年人群体中，作为体温调节功能的血管反应衰退情况较为普遍。其中需特别注意的是，一些常年服用降压药，却仍在过着普通日常生活的中老年群体。一部分带有血压下降、冠状动脉等血流改善作用的血管扩张药物，有时会妨碍由于寒冷引起的末梢血管的收缩，进而成为低体温症产生的原因之一。由于这些血管收缩的失调状态多数保持在人体皮肤温度较高的状态，所以患者本人知觉正常，直到由于身体变冷而产生战栗（即颤抖产热）现象后，才会察觉到寒冷。

（4）**冷热感觉障碍**：皮肤和全身的冷热感觉是人体体温调节功能的传感器。对于老年人来说，有意识的危险规避是极其重要的。以脊髓损伤和麻风病为首，伴随冷热感觉障碍的疾病并不在少数。同时，老年人群体中知觉衰退的现象也较为普遍，也会出现冷热感觉的迟钝症状。此外，为了防止因接触热水和高温器具而引起的烧伤、长时间接触怀炉和电热毯引起的低温烧伤等相关隐患，室内热环境设计过程中针对老年人的相关技术考量也是极为重要的。

（5）**加重其他障碍病症**：由于环境炎热或寒冷而引起身体状态恶化的现象并不在少数。其中与老年人关系较为紧密、发病率较高的病症有慢性类风湿性关节炎、慢性肾炎、高血压、心肌梗死、脑梗死、哮喘等。此处主要罗列了不影响正常生活的障碍或慢性疾病，此外还有包含流感、肺炎等重点医疗对象的急性、亚急性的相关病症。相关障碍或疾病中，部分会由于不适当的热环境而增加患者本人的痛苦，其中少数甚至会由于发作情况和急性症状而导致死亡。另外，在室内环境设计过程中，还需要考虑冷水洗手引起的血压上升问题，以及接触热水和高温器具所引起的休克等接触危险。

（6）**加重其他障碍病症的负担**：由于寒冷而引起的尿频现象是正常的身体机能反应之一。有排尿障碍的残疾人和老年人，尤其在卫生间中操作不自由的情况下，对于如厕行为会感觉到较大的负担。同时，对于有运动障碍或体力有限的老年人来说，日常动作也会受到限制，活动范围缩小，进而会产生运动障碍或诱发痴呆症等问题，进一步加剧恶性循环。此外，对于消化功能下降的群体来说，寒冷也会成为腹泻症状发生的原因之一。

此外，室内空气环境也是影响老年人居住健康的重要因素之一。有学者将老年人室内空气环境问题的发生原因粗略归纳如下：为达到更加清净的室内空气环境所发生的身体反应，以及由老年人生活及护理行为所产生的污染气体蓄积两方面。前者由呼吸道过敏、呼吸行为障碍引起的口呼吸、免疫力缺失或低下、其他抵抗力低下、排毒能力低下等身体状况引起；而后者则普遍由于使用尿垫等辅助用具、人工透析、缩短如厕时间等原因引起（表2-2）。下文将分别对其典型症状及主要对策进行简要阐述。

表2-2 老年人居家环境中可能存在的空气污染物

空气净化方向	直接的障碍内容	空气污染物	相应障碍种类
达到更加清净的室内空气环境	呼吸道过敏	花粉、螨虫、垃圾、其他各种生物类和非生物类的过敏源	哮喘、慢性鼻炎等
	呼吸行为障碍引起的口呼吸	尘埃、微生物等	脑瘫、脊髓灰质炎、慢性鼻炎等
	免疫力的缺失或低下，其他抵抗力低下	微生物	先天性免疫缺陷、白血病、使用免疫抑制剂、艾滋病等
	排毒能力低下	化学物质	肝损伤、肾损伤等
防止污染气体蓄积	使用尿垫等辅助用具	便臭、尿臭、体臭	脊髓损伤、其他排便排尿功能不全
	人工透析	尿臭	肾功能障碍
	使用厕所时间过长	便臭、尿臭	一般肢体障碍

（1）**清洁空气的必要性**：对于具有呼吸道过敏症状的老年人群体来说，需要在没有过敏源相关的微粒子、气溶胶及气体等的空气环境中生活。过敏性体质虽然在年轻人中也有一定比例，但相关研究表明哮喘病发病率会伴随年龄的增加而有一定程度的增加，需要尽可能去除居住环境中有可能成为发病原因的过敏源。同时，像哮喘症状引发的呼吸障碍，以及由脑瘫、脊髓灰质炎、慢性鼻炎等容易引起的口呼吸症状，当吸气不通过具有鼻毛和黏膜净化结构的鼻腔直接冲击呼吸器的危险性很大，因此需要尽可能减少居住环境中诸如尘埃、微生物、污染气体等一般空气污染物质的含量。

此外，一部分老年人群体对微生物的抵抗力也在降低，而肝脏、肾脏等涉及化学物质处理的相关器官机能也相对容易衰退。因此，单从这方面来看，清洁空气环境是十分必要的。

（2）**防止污染气体蓄积**：一部分老年人群体所使用的尿布和便携式马桶，有可能成为室内环境的臭气来源。类似情况下，有必要通过充分的换气措施，或除臭机的使用来防止和减少相关污染气体的蓄积。

老年人的生活与室内热环境和空气环境

室内热环境和空气环境是影响老年人身体健康的重要因素。而我国现有的住宅在建设之初对室内热环境关注不足，导致住宅内部空间的热环境普遍存在诸多问题。以室内温度参数为例，为了明确现有空间中的热环境现状，一些学者针对老年人现有居住环境开展了实态调查。例如，通过对寒冷地区养老建筑的室内热环境满意度调研发现，冬季室内热环境不满意率高达34.4%，养老建筑室内热环境偏冷；通过对天津市养老机构的室内热环境调研发现，只有60%的老年人认为室内热感觉呈中性值；上海市养老建筑热环境调研实测的结果表明仅有44.9%的居室内温湿度数据满足标准要求；19所上海市养老建筑温湿度数据实测显示，夏季室内温度不达标率为72.4%，冬季室内温度不达标率为99.1%；某研究通过实测调研和现场研究发现，西安老年公寓冬季室内热环境存在供暖不均、室内温度过低和空气干燥等问题；通过对哈尔滨市养老建筑调研发现，冬季有15.7%的老年人认为室内热环境偏暖，过渡季有18.9%的老年人认为室内热环境偏冷。

热舒适是使用者对周围热环境舒适状态的主观评价，是一种适用于建筑内部的舒适度评价体系。该评价体系为了全面完整地体现人的感受，一般从物理、生理、心理三方面进行考虑：在物理方面，从人体代谢产热与外界环境作用下的失热平衡角度考虑人体的舒适程度；在生理方面，基于人体对冷热环境的生理反应情况，如皮肤温度、皮肤湿度、血压、排汗等来判断人体的舒适程度；而在心理方面，则采用心理分析方法，分析人处于热环境中的主观感觉来判断人体的舒适程度。

住宅室内热环境和空气环境的改善方法

不同空间的温差和通风问题是老年人对于热环境和空气环境方面较为常见的问题。下面通过案例进行简要说明。

案例1

阳台和起居室之间昼夜温差大

现状问题：由于寒冷地区室内热环境差异较大，阳台周边空间的温度易受室外环境影响，外加阳台使用落地窗或与相邻空间连通等现象，使得昼夜温差问题突出。

改造方法：①布局改善，配合植物进行遮挡；②通过空间屏障的设置，减少阳台与相邻空间的空气流动，降低气温变化影响；③选用

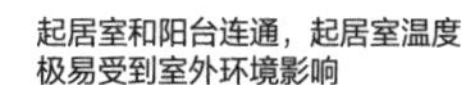

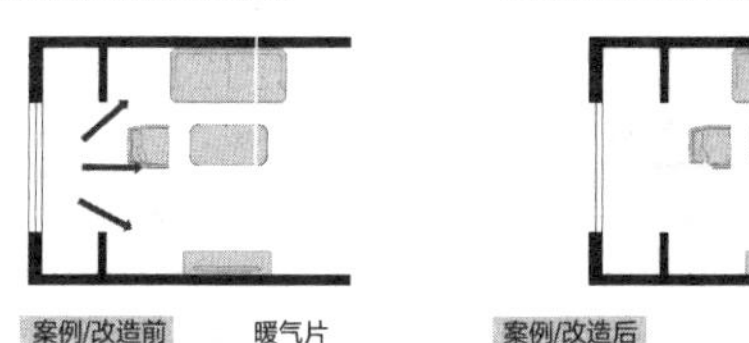

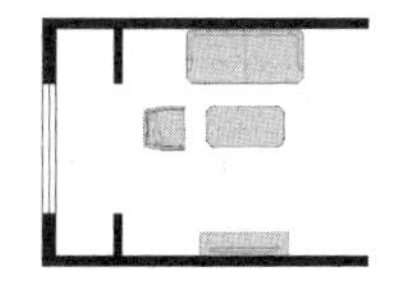

图2-15　针对阳台和起居室之间昼夜温差大的适老化改造方法

强密闭性的门窗部品，以提高阳台自身保温性；④调整空调位置，利用空调风向形成自然的冷热风屏障（图2-15）。

居室阳台空间的保温、遮阳措施（表2-3）：在气候条件不稳定，室内外环境昼夜温差大的地区，需要留意阳台的保温、遮阳等问题。

（1）提高阳台自身的保温性：优先选用密闭性较高、导热性偏低的门窗部件，例如强密闭性的双层中空玻璃等，以确保保温节能效果。此外需留意门窗部件的采光性、气密性、隔声性等指标。

（2）设置隔断门，以调节室内热环境：通过昼夜阳台隔断门形式的错时利用，可起到改善室温、遮阳、阻挡风沙灰尘等多重作用。

表2-3　居室阳台空间的保温、遮阳措施示例

部品种类	开启方式	注意事项（已省略有关无障碍行为设计的相关规定）
阳台门	推拉门	门扇宜采用大面积透光材质，应选择钢化玻璃等不易碎的材料
外窗	复合开启窗	有条件可采用下悬内倒和内屏开复合的开启方式，以调节室内风量；建议选用双层中空玻璃等保温隔热性能较为突出的外窗材料

案例2

老年人淋浴前后温差较大

现状问题：老年人对于较大的温差很难适应。洗澡前后，卫生间与屋外其他空间温差较大，易引发危险。

改造方法：①临近沐浴区设置更衣空间作为温度缓冲空间；②增设浴霸、暖风机等设施，保持浴室及其周围空间恒温（图2-16）。

淋浴区温度维持方法有以下几种。

（1）在沐浴空间外设置干区，方便老年人在洗完澡之后能及时穿衣，可在干区外设置玻璃隔断等尽量减少热气扩散，维持局部区域温度稳定。

（2）增设浴霸、暖风机等设施，借助外力维持卫生间淋浴区域温度恒定，避免老年人在洗澡之后受凉。

无过渡空间缓冲温差

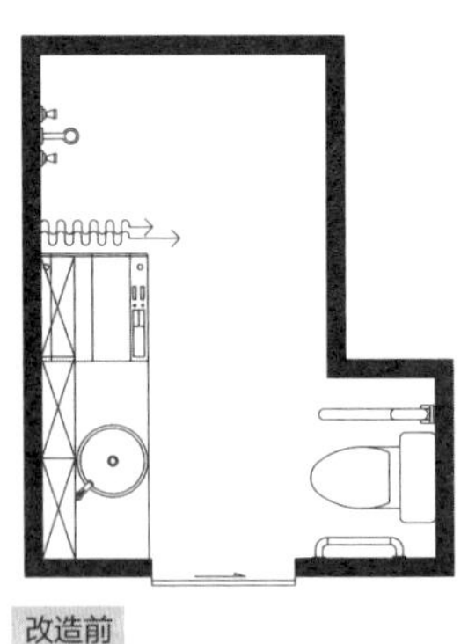

改造前

增加壁挂式浴霸或吸顶式发热器，保持空间恒温；增加洗衣、更衣空间逐渐适应温差

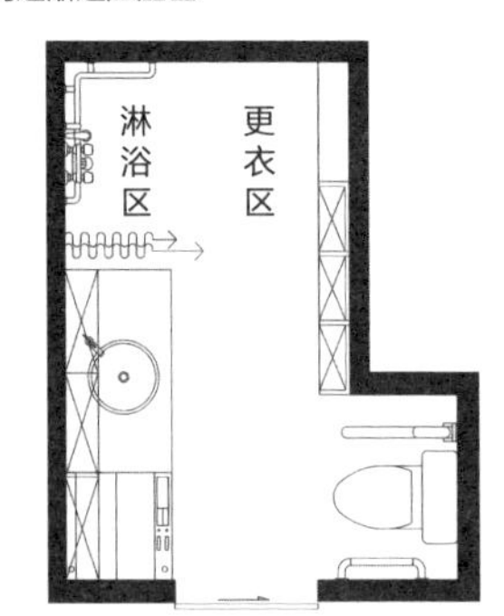

改造后

图2-16　针对淋浴前后温差较大的适老化改造方法

案例3

卫生间通风不佳

现状问题：部分卫生间为黑房间或仅有小面积通风窗，存在通风不佳的问题。且卫生间由于长期用水，地面湿滑，滋生细菌、产生异味的同时易对老年人形成安全隐患。

改造方法：①合理规划干湿分区；②增设排风装置，可使用浴霸排风一体机；③设置具有吸湿除臭作用的植物（图2-17）。

卫生间通风问题处理方法有以下几种。

（1）排风：①在吊顶安装暖风机；②选择带有百叶窗的门；③设置电热毛巾杆。

（2）吸湿：①浴室柜底部采用金属高腿设计、防水铝箔、橡胶垫。浴室柜柜面材料采用防水性较好的复合板材；②设置具有吸湿除臭作用的植物，如绿萝、霸王芋。

盥洗、如厕、淋浴相对独立设置，未合理进行干湿分区

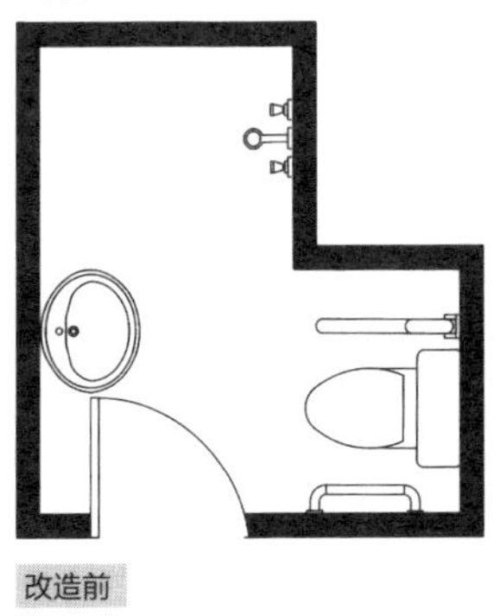

增加条形水篦子或挡水条，避免淋浴区的水流到盥洗及如厕区

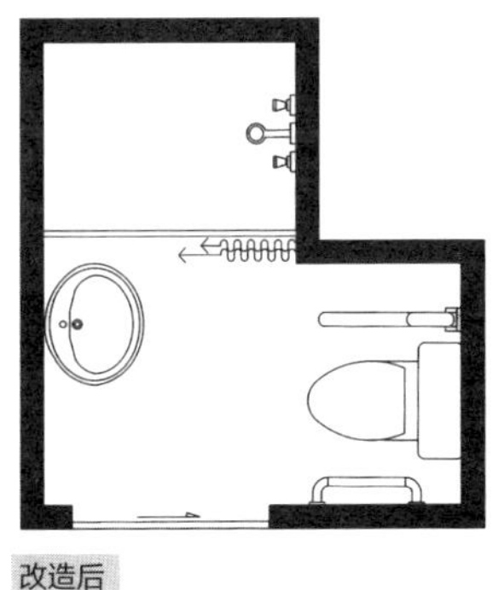

图2-17 针对卫生间通风不佳的适老化改造方法

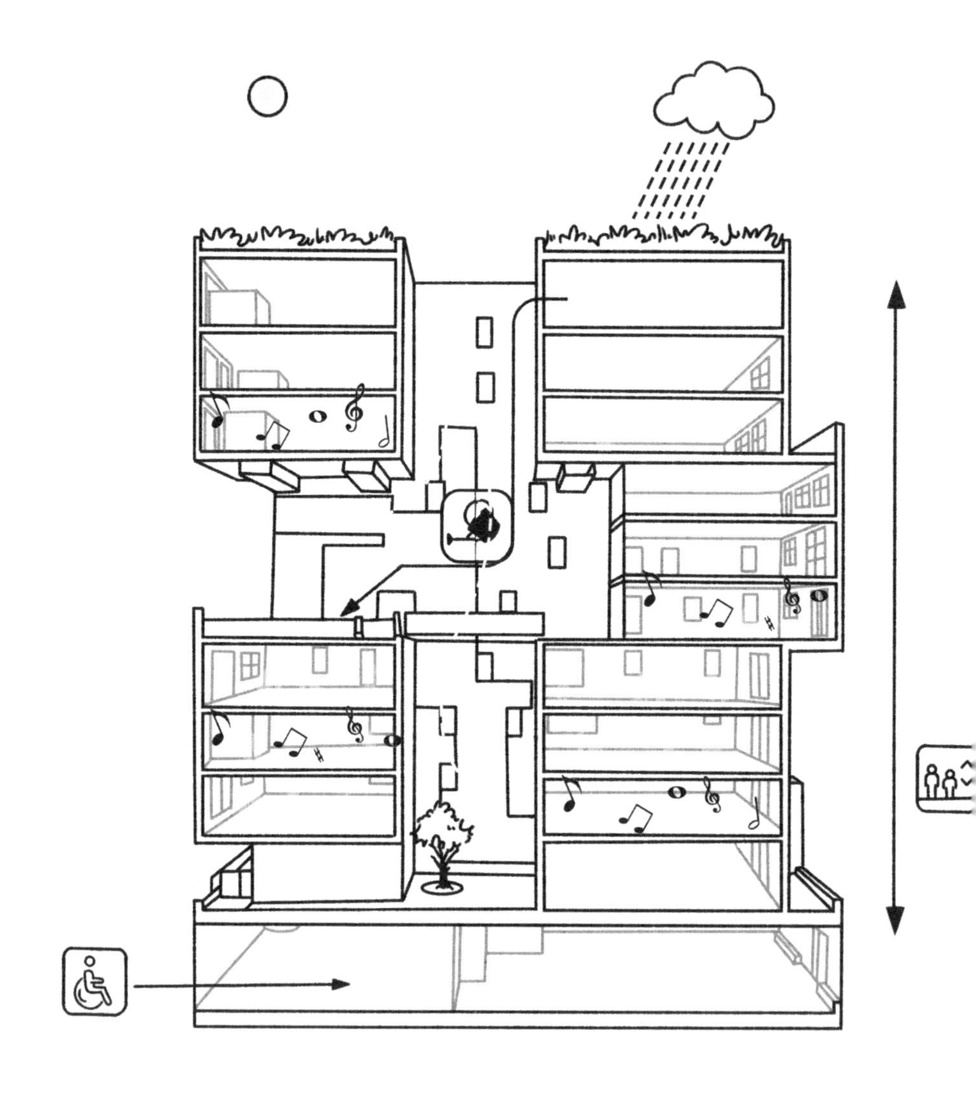

CHAPTER

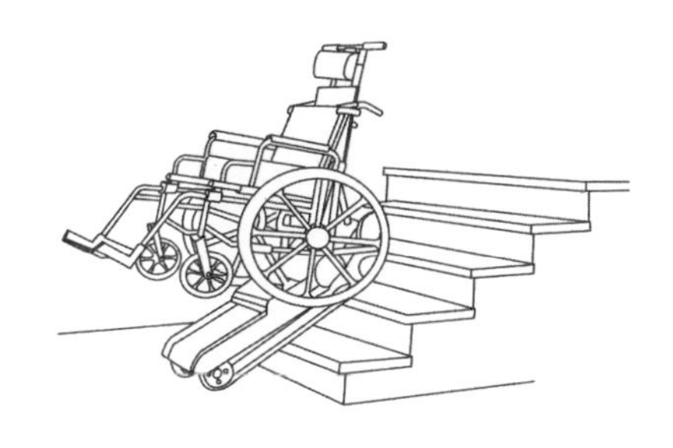

第3章

使用辅具的行为与空间

无障碍与通用设计的普及、用辅具提高老年人的自立度

认识辅具

辅助器具简称辅具，主要供残疾人、老年人、伤病人等功能障碍者使用，以达到保护、支撑、训练、测量或代替其身体结构和活动，防止损伤、活动受限或参与限制，促进身心康复和改善生活质量的目标。据世界卫生组织统计，目前超过25亿人需要一种或多种辅助器具，预计到2050年这一数字将超过35亿。辅具使用者包括残疾人、老年人、患有传染病和非传染病的人、患有精神疾病的人以及功能逐渐衰退或丧失内在能力的人等，其中，大多数是残疾人和老年人。

我国辅具事业起步相对较晚，但经过不懈发展，已取得长足进步。1988年，随着《中国残疾人事业五年工作纲要（1988—1992）》的公布，“辅助器具”的概念首次在我国正式出现。1996年，国家标准《残疾人辅助器具分类》（GB/T 16432—1996）开始实施，“辅助器具”一词开始被人们熟知并使用。为了促进我国辅具事业进一步与世界接轨，2004年，等同采用国际标准“ISO 9999：2002”，制定国家标准《残疾人辅助器具 分类和术语》（GB/T 16432—2004）；2016年，等同采用国际标准“ISO 9999：2011”，制定国家标准《康复辅助器具 分类和术语》（GB/T 16432—2016）。2016年10月23日，发布《国务院关于加快发展康复辅助器具产业的若干意见》（国发〔2016〕60号），首次以国务院的名义对辅助器具产业进行顶层设计和谋篇布局。2021年，发布《中国残联办公厅关于推进“互联网+”辅助器具服务工作的通知》，进一步推动辅具推广与普及。相关政策和标准的陆续出台，我国辅具事业发展得到了强有力的保障，辅具产品种类和质量逐步提升、辅具服务网络逐渐完善。

长久以来，公众对辅具的认识程度仍有不足，不少人认为辅具是专供残疾人使用，对辅具的了解还停留在轮椅、盲杖、假肢、矫形器等器具。但是，辅具已经发展为能够有效防止、替代、补偿、减轻因残疾或年老等原因造成的身体功能减弱或丧失的任何产品（包括器械、仪器、设备和软件），比如自行车、电动牙刷、指南针、放大镜、带座手杖、洗澡椅、坐便椅、电动床、坡道、认知测试和评估材料等均为辅具，可广泛应用于人们生活的方方面面，是人们平等参与生活重要领域、享受公民权利的重要手段，在人的整个生命周期中具有重要意义。

随着我国老龄化程度日益加深，人们更加重视辅具在老年人及其照顾者日常生活中的应用，以达到增强老年人自理生活的能力、减轻照护压力、提升生活质量等目的。近年来，与老年辅具相关的政策陆续发布，包括：2012年，发布《民政部关于开展“社会养老服务体系建设推进年”活动暨启动“敬老爱老助老工程”的意见》，提出“老年辅助器具配置计划”；2019年，工业和信息化部、民政部、国家卫生健康委员会、国家市场监督管理总局、全国老龄工作委员会办公室联合印发《关于促进老年用品产业发展的指导意见》，提出发展功能性老年服装服饰、智能化日用辅助产品、安全便利养老照护产品、康复训练及健康促进辅具、适老化环境改善产品等；2020年，民政部、国家发展改革委、财政部、住房和城乡建设部、国家卫生健康委等9部委联合印发《关于加快实施老年人居家适老化改造工程的指导意见》，提出“老年人居家适老化改造项目和老年用品配置推荐清单”，推动家用辅具进入广大老年人家庭。这些政策文件的出台大大促进了老年辅具的普及，辅具的便利性与实用性逐渐受到人们关注。

辅具的功能

辅具可以增强一个人在自理生活以及移动、视听、认知、交流等方面的功能发挥，是帮助功能障碍者补偿、改善功能，提高生存质量，增强社会生活参与能力最基本、最有效的手段。同时，辅具涉及医疗康复、职业康复、教育康复以及社会康复等多个领域，是康复必不可少的工具。

辅具的常见功能如下。

（1）**补偿减弱的功能、代偿失去的功能**。比如，对于因年迈而下肢力量衰退的老年人，可以使用拐杖、助行器辅助行走；对于因糖尿病足进行低位截肢的老年人，可以通过配置假肢，实现独立行走。

（2）**维持、恢复和改善功能，减轻身体功能逐步减退的后果**。比如，对于患有阿尔兹海默症的老年人，可以通过认知症技能训练辅助器具，在一定程度上维持认知能力，减缓认知退化速度；对于中风后偏瘫的老年人，可以通过平行杠、助行器等辅具进行康复训练，逐步恢复行走能力。

（3）**辅助自理生活、减轻照护压力**。辅具涉及起居、进食、洗漱、行动、如厕、家务、交流等多个生活层面，可以弥补功能障碍者生活能力，并促进潜能发挥。比如，长柄洗澡刷、鞋拔子、放大镜指甲刀、可折弯的握力餐勺、防洒碗、马桶助力架、重型笔等辅具，可以帮助不同身体状态的老年人在不同生活场景中自主活动，减少对照护者的需求程度。

（4）**落实预防保健、促进主动健康**。预防和保健是促进人民健康的重要一环，这离不开辅具的支持。比如，对于有静脉曲张的老年人，可以通过使用脚踏车、医用弹力袜等进行预防；对于长期卧床的老年人，极有可能产生压疮等，可以使用防褥疮床垫、靠背垫等进行预防。

（5）**降低医疗卫生支出，促进社会和谐**。辅具不仅可以促进功能障碍人士身体功能恢复与改善，减少医疗浪费，还有利于实现其正常参，缓解社会生活的愿望，促进家庭和谐，缓解社会照护压力，促进社会和谐。

总的来说，辅具的积极影响远远超出改善功能障碍者的健康状况、增进福祉、促进参与和融入的范畴，家庭和社会均可从中受益。

辅具的分类

辅具涉及人们生活、康复、娱乐、就业等方方面面，种类丰富、功能多样。常见的辅具分类方法有三种。

（1）**按国家标准规定分类**。国家标准《康复辅助器具　分类和术语》（GB/T 16432—2016）将辅助器具按照使用功能分为12个主类，分别是：①个人医疗辅助器具，包括供氧器、血液透析装置、血压计、体温计、训练和功率自行车、负荷环带等；②技能训练辅助器具，包括记忆训练辅助器具、失禁报警器、时间理解训练辅助器具等；③矫形器和假肢，包括腹部矫形器、上肢假肢、假牙、矫形鞋等；④个人生活自理和防护辅助器具，包括鞋拔和脱靴器、系扣钩、防滑淋浴垫、坐便器、成人一次性尿布等；⑤个人移动辅助器具，包括手杖、框式助行器、爬楼梯器具、轮椅车、移位机等；⑥家务辅助器具，包括土豆固定器、洗涤槽、洗碗机、大酒杯、食物挡边、喂管、防洒盘等；⑦家庭和其他场所的家具和适配件，包括髋关节椅、躺椅和安乐椅、扶手、窗、门、电梯、床、床头柜等；⑧沟通和信息辅助器具，包括助听器、电视机、帮助记忆的产品、监测和定位系统、翻书器等；⑨操作物体和器具的辅助器具，包括可调电源、定时开关、指向灯、平板推车等；⑩用于环境改善和评估的辅助器具，包括空气清洁器、降噪辅助器具、减少震动的辅助器具、水净化器和软化器等；⑪就业和职业培训辅助器具，包括工作椅和办公椅、隔断墙、办公场所空气清洁器等；⑫休闲娱乐辅助器具，包括玩具、室外园艺工具、室内园艺和插花工具、宠物护理辅助器具等。

（2）**按使用人群分类**。不同类型的功能障碍者对辅具的需求与要求也会相同，可以根据使用人群的类别进行辅具分类。从残疾类型来看，根据《中华人民共和国残疾人保障法》，我国残疾人分为视力残疾、听力残疾、言语残疾、肢体残疾、智力残疾、精神残疾、多重残疾和其他残疾的人。因此，辅具可分为：视力残疾人辅具、听力残疾人辅具、言语残疾人辅具、肢体残疾人辅具、智力残疾人辅具、精神残疾人辅具。

（3）**按使用场景分类**。在不同的环境与场景中用到的辅具不同。根据世界卫生组织发布的《国际功能、残疾和健康分类》，可以将辅具分为9类，分别是移动用辅具、生活用辅具、交流用辅具、就业用辅具、教育用辅具、宗教用辅具、文体用辅具、公共用辅具、居家用辅具。

移动

不同辅具的使用要求

随着老年人身体机能衰退，其身体机能将会发生一定变化，影响其对环境的适应能力与应变能力，其中腿部老化是大部分老年人面临的问题，同时，视线、步行能力以及持久度也会随之相应改变，会直接导致行走不稳，缺乏耐力，容易因被障碍物绊脚或头晕眼黑而丧失平衡、意外跌倒等事故风险增加。

现有住宅中的居住空间大多存在面积狭小、门洞口狭窄、地面凹凸不平或存在局部高差等问题。对于身体能力有限的老年人来说，由于生理及心理机能的局限性，在居住空间移动过程中，因下肢力量衰退或定位不稳等，极易发生磕碰、滑倒、跌倒。因此，在老年人行走或抬腿过程中，需要为老年人随身配备具有支撑力的移动辅具，或在居住空间的对应位置尽可能通过辅具增加支撑点。

不同辅具的功能应用

1. 水平移动功能

（1）**拐杖**：根据支撑点位置和支撑点数量以及人体使用方法，目前拐杖的种类大致可归纳为手杖、多足杖、前臂拐、腋下拐等多种形式（图3-1）。不同类型的拐杖适用于不同身体状态的老年人。其中，手杖的特点在于单点支撑，使用轻巧，适用于手部握力好，上肢、腕部支撑力较强，单侧下肢轻度功能障碍者，如轻度偏瘫患者、下肢功能较健全的老年人；多足杖具有三点或四点支撑，适用于行走缓慢的老年人与较平缓的地面；前臂拐有水平前臂支撑架，适用于手关节损害严重的类风湿患者或手部有严重外伤、病变不宜负重者；腋下拐适用于下肢不能负重者，建议成对使用。

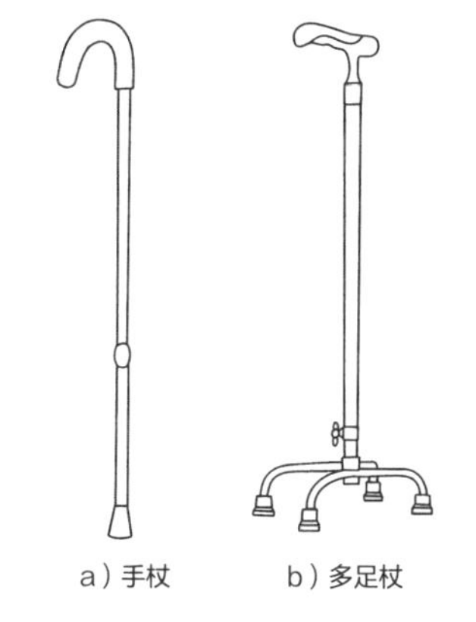

a）手杖　b）多足杖

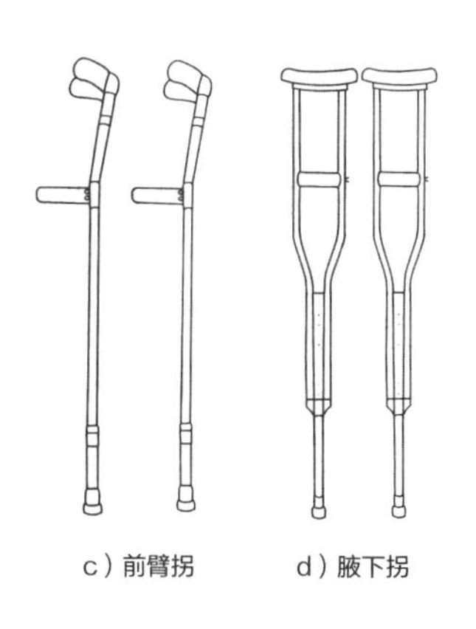

c）前臂拐　d）腋下拐

图3-1 拐杖类型示例

（2）**助行器**：市面上现有的助行器主要分为轮式助行器、框式助行器、台式助行器及座式助行器四类（图3-2）。其中，轮式助行器适用于上肢肌力不足、平衡不佳、无法将助行器提起的老年人；框式助行器适用于行走缓慢、平衡能力较差的老年人，如骨科术后的老年人、帕金森病患者；台式助行器适用于患有关节炎或手部握力不足的老年人；座式助行器

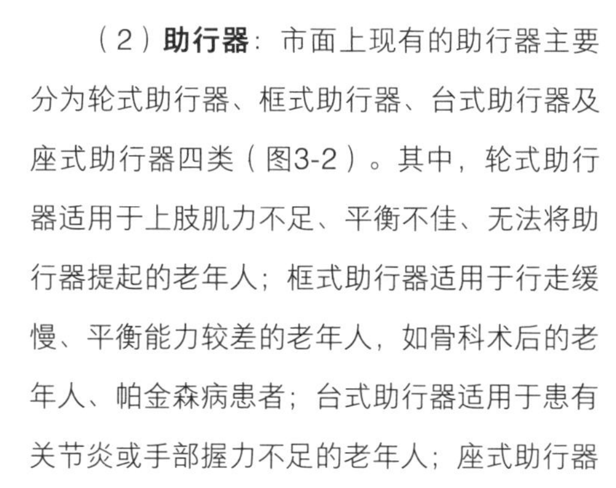

一般情况下有固定座位或吊带，适用于下肢支撑力很差的老年人。需要特别注意的是，在居住环境中使用助行器的过程中，容易与墙体、家具碰撞。

（3）**轮椅**：目前，市面上的轮椅产品种类多样，在功能尺寸、使用形式上均有较大差异。最为典型的手动轮椅，普遍具有固定功能，同时设置了轮椅扶手，以便老年人完成撑扶转移。此外，对于身体活动受限的老年人来说，从床、座椅或坐便器上转移到轮椅上时，照护者需要耗费较大体力，需同时与转位垫、介护腰带、转位板、移位器等辅具结合使用。

（4）**担架**：当老年人由于身体原因，需静躺移位时，通常采用担架完成相应转移工作。现有的担架类型有担架车、楼梯担架、铲式担架等（图3-3）。然而，现有住宅中普遍存在部分担架由于占地空间面积过大而难以进入套内空间的问题。目前，省去担架四个边角空间的铲式担架可成为解决措施之一。其可以最大程度减少在运送过程中对病人的脊椎造成二次伤害，具有尺寸小、质量轻、能伸缩的特点，能适应住宅中的狭小空间。

（5）**扶手（可撑扶家具）**：居家环境中，通过在空旷的通行区域，即老年人活动路线上设置撑扶系统，可以缓解老年人在行走过程中发生重心不稳、腰腹受力负担等问题所带来的压力。主要方式是结合墙面、户门等区域设置连贯的无障碍扶手，或可撑扶的家具。无障碍扶手距地高度一般为0.85~0.9m，而可撑扶家具的选配则包括书桌、床头柜、储藏柜等，以达到辅助步行的目的（图3-4）。

a）轮式助行器

b）框式助行器

c）台式助行器

图3-2　助行器类型示例

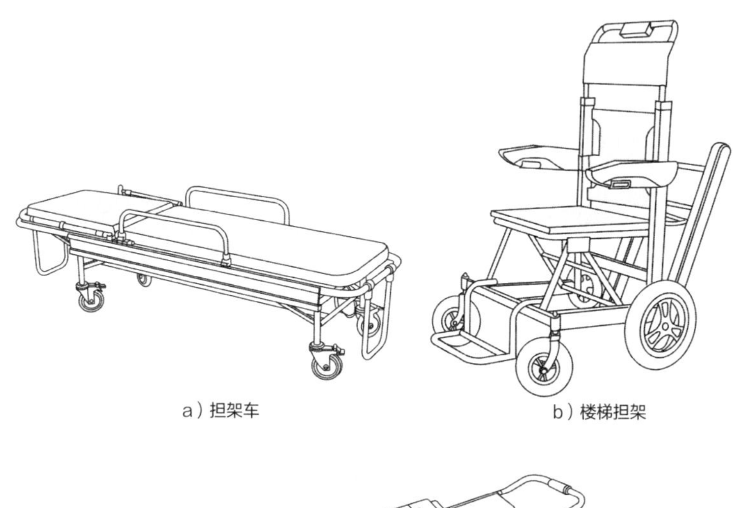

a）担架车

b）楼梯担架

c）铲式担架

图3-3　担架类型示例

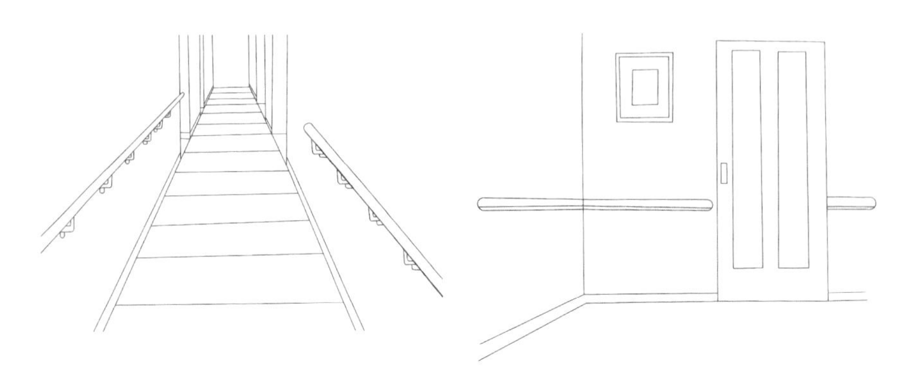

图3-4 走廊扶手示例

2. 竖向移动功能

（1）**移动坡道、局部台阶**：针对居家环境中所存在的地面高差，有可能使老年人产生磕碰或绊倒等事故，却难以直接拆改的情况，可通过配置移动坡道、局部台阶等辅助器具，减缓地面高差带来的影响（图3-5、图3-6）。一般情况下，相关辅具每阶处的高差不应大于150mm，且具备足够的放置空间，以确保周边空间的安全通行。使用时，可在台阶表面使用具有隔声、防滑等性能的防滑垫。该类辅具主要有使用稳固、不易移动；具有凹凸纹理，注重防滑设计；多尺寸、可拼接、可移动等特点。在相关辅具选配之外，还可通过安装辅助扶手、增加局部照明等方式，以便老年人顺利通过高差。

（2）**爬楼梯机、爬楼梯轮椅车**：针对老年人及其家人（护理人员）在住宅楼梯间中上下楼梯较为吃力、危险时容易产生跌倒坠落等现象的问题，可通过选用爬楼梯机、爬楼梯轮椅车等具有爬梯功能的相关辅助器具，以减轻相关人员在移动过程中的体力负担（图3-7、图3-8）。

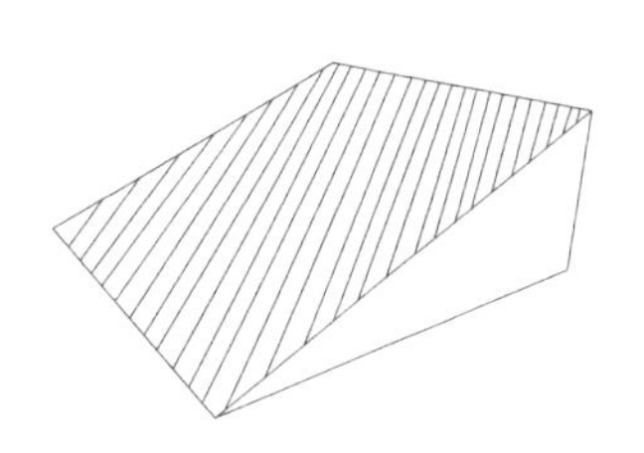

图3-5　移动坡道示例

图3-6　局部台阶示例

图3-7　爬楼梯机示例

图3-8　爬楼梯轮椅车示例

不同应用场景下的空间尺寸

1. 涉及水平移动的相关辅具

（1）**拐杖、助行器及轮椅**：居家环境中的一部分安全隐患来自老年人在使用移动类辅具的过程中，可够及范围内缺乏支撑力的情况。明确拐杖、助行器及轮椅等辅具在住宅空间中通行及回转空间的应用尺寸，对于老年人辅具选配可起到一定的参考作用。

在老年人使用手杖时，直行和90°拐弯的最小净宽为0.80m，舒适净宽至少为0.90m；90°转向需要的最小空间尺度为0.75m × 0.75m，舒适空间尺度至少为0.85m × 0.85m；180°转向需要的最小空间尺度为0.75m × 0.85m，舒适空间尺度至少为0.85m × 0.85m。在老年人使用助行架时，直行和90°拐弯最小净宽均为0.80m，舒适净宽至少为0.90m；90°转向需要的最小空间尺度为0.85m × 0.85m，舒适空间尺度至少为0.95m × 0.95m；180°转向需要的最小空间尺度为0.85m × 0.95m，舒适空间尺度至少为0.95m × 1.05m。

在老年人居住空间中并不必要设置直径1.5m的回转圆，对于套内空间而言，轮椅回转空间尺度最小值为1.2m × 1.2m，舒适值为1.4m × 1.4m。1.2m × 1.6m是能够满足轮椅180°回转的最小舒适值空间尺度。对于走廊空间，满足90°转向的最小空间尺度为1.2m × 1.2m。这样可以有效避免老年人居住空间中的面积浪费，同时，为既有中小套型住宅适老化改造提供更多种可能（图3-9、表3-1、表3-2）。

（2）**担架**：为了担架使用的可能性，需在居住空间预留铲式担

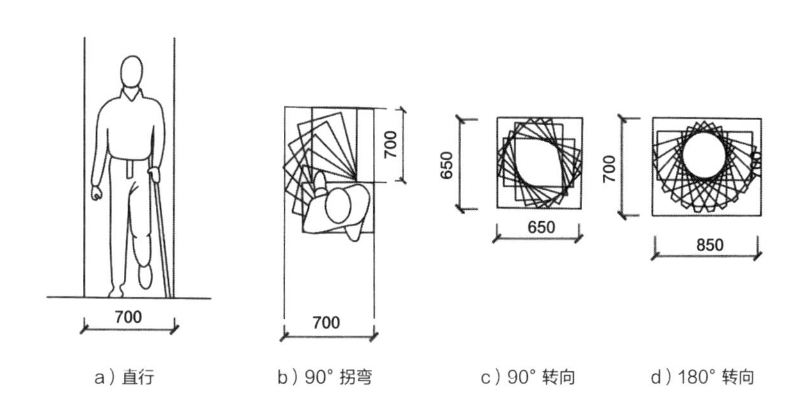

图3-9 涉及水平移动的相关辅具使用示意图（以手杖为例，单位：mm）

表3-1 老年人使用不同助行设备的最小通行与转向空间尺度

类型	直行	90° 拐弯	90° 转向	180° 转向
手杖	0.80m	0.80m	0.75m × 0.75m	0.75m × 0.85m
助行架	0.80m	0.80m	0.85m × 0.85m	0.85m × 0.95m
轮椅	0.90m	0.90m	1.20m × 1.20m	1.20m × 1.60m

表3-2 老年人使用不同助行设备的舒适通行与转向空间尺度

类型	直行	90° 拐弯	90° 转向	180° 转向
手杖	0.90m	0.90m	0.85m × 0.85m	0.85m × 0.85m
助行架	0.90m	0.90m	0.95m × 0.95m	0.95m × 1.05m
轮椅	1.10m	1.10m	1.40m × 1.40m	1.50m × 1.50m

架、担架车的使用空间（图3-10）。套内空间中，可通过改变原有家具部品形式、位置，例如缩短厨房台面面积、移动冰箱位置等方式，或借用厨房空间等，扩大入户交通空间。电梯轿厢宽度不应小于1100mm，轿厢深度不应小于1400mm（容纳担架车的轿厢深度不应小于2000mm），且轿厢宽深加和值不应小于3100mm。

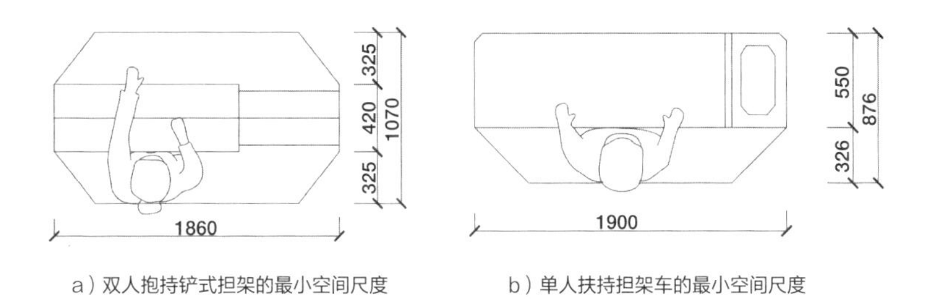

a）双人抱持铲式担架的最小空间尺度　　b）单人扶持担架车的最小空间尺度

图3-10　担架使用尺寸示意图（单位：mm）

2. 涉及竖向移动的相关辅具

移动坡道、局部台阶是目前最为常见的地面高差类辅具之一。相关产品主要用于建筑物出入口处、套内空间内部台阶等微小高差处。在空间配置要点方面，移动坡道需优先考虑稳固、不易移动，具有凹凸纹理，注重防滑设计，并且多尺寸、可拼接、可移动的坡道。同时需注意每阶处高差不应大于15mm，具备足够的斜坡放置空间，确保周边空间的安全通行；而局部台阶除上述配置注意事项之外，还需额外注意使用时在台阶表面使用具有隔声、防滑等性能的垫子。

此外，由于地面高差往往与居家安全息息相关，因此上述移动坡道、局部台阶的空间配置往往结合扶手设置、照明配合等辅助设施，以减缓高差所带来的影响。

排泄与洗浴

老年人排泄与洗浴辅具使用需求

老年人的行动能力决定其在卫浴空间内动作的完成度。在洗浴行为中，上肢作为使用最频繁的关节器官，上肢活动范围越大、手部精细动作越灵活，各项洗浴动作的完成度越高。老年人需要双手相互配合或者借助一些辅助产品才能擦拭到身体各个部位以完成全身的清洁。同时，人体完成各项动作时各关节间相互协作运动完成特定动作。在排泄行为中，无论是从坐姿到站姿的起身过程还是从站姿到坐姿的坐下行为的过程中，对于下肢肌肉力量的要求会更高。

具备不同自理能力的老年人对辅具产品的功能要求也明显不同，自理等级越低的老年人对照护者的依赖性越高，对产品的功能性要求越高。针对自理老年人，一般通过安装防滑扶手保证老年人进入卫浴空间的身体稳定，进而提高环境的安全系数，同时在淋浴区安放淋浴凳或淋浴座椅。

介助老人和失能老人则需要借助辅具或需要有照护者帮助以完成排泄以及洗浴行为中的某些环节；可步行、可站起、无法维持站姿的老年人可以借助不同辅具完成排泄及洗浴行为。另外，洗浴过程中许多动作需要手指精细操作如手指关节弯曲来完成，如脱衣、打开沐浴器开关、拿取淋浴花洒和洗浴用品的拿取使用等，但老年人更容易因一些关节或神经疾病致使上肢感知能力下降、手指灵敏度下降，从而降低洗浴动作的完成能力。

不同类型辅具的功能应用

1. 排泄功能

（1）**坐便椅**：坐便椅是提供给如厕行动不便的老年人使用的，主要是借由便桶及脚轮来达到它方便移动的特性，解决厕所偏远及难以到达的问题，坐便椅大多具有靠背及扶手的支撑，能够提供基本的平衡协助。此外，坐便椅还有可折叠、多档位高度倾角调节、家居化材质外观设计、人性化缓降静音设计等特性，方便老年人在多场景中使用（图3-11）。适老坐便椅的选择要根据老年人的身体状况、使用环境、照护者的能力，判断是否可以抓住扶手站立、能否换乘到坐便椅，从而选择合适的类型。

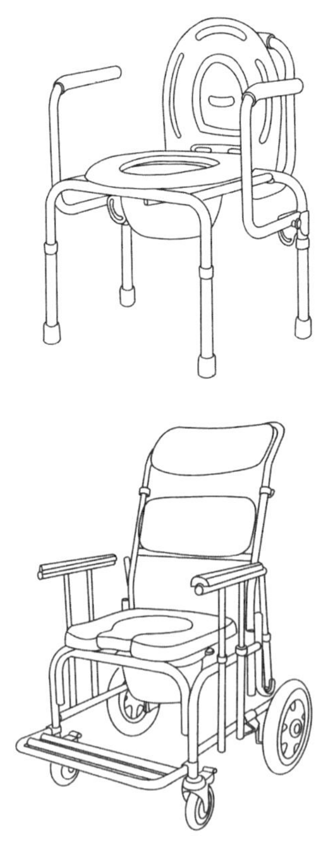

图3-11　坐便椅示例

（2）**马桶增高器**：马桶增高器主要是通过让马桶的座椅高度增加，让下肢肌力较弱的老年人能顺利站起并减少髋、膝关节的弯曲，十分适合髋、膝关节角度受限，或是刚动完髋、膝关节置换术的病人。电动升降马桶增高器有椅面电动升降功能，能自由调整所需的高度，或是借此协助来完成站起的动作，还可以作为训练器材帮助老年人在卫生间内训练并实现独立如厕。（图3-12）

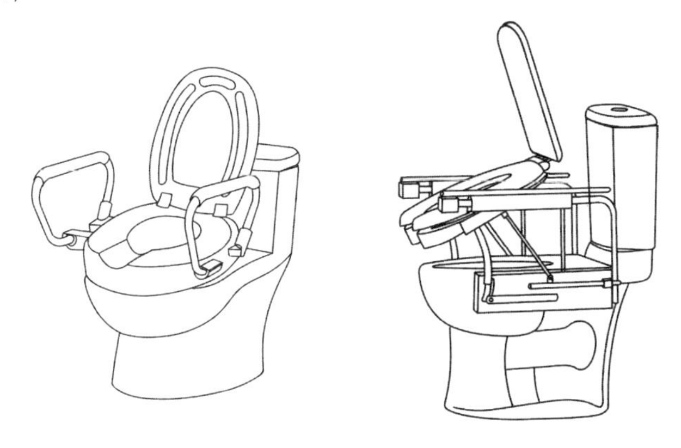

图3-12　马桶增高器示例

（3）**其他辅具**。

1）站立辅助器：从站立辅助器转移至坐厕既安全又容易，不需要使用轮椅及大部分其他转移器材进行支点转移，站立辅助器鼓励老年人参与转移活动，改善他们的血液循环、呼吸能力、消化能力及肌肉张力，同时减轻肢体的僵硬程度。翻下座位的设计让住院病人可以在使用过程中舒适地放松及坐下（图3-13）。

2）吊袋式升降移位器：吊袋式升降移位器可以在老年人如厕时用来协助照护者，它可以直接将老年人推到洗手间上，在旧房改造或坐厕位置难以改动的时候可以考虑使用吊袋式升降移位器（图3-14）。

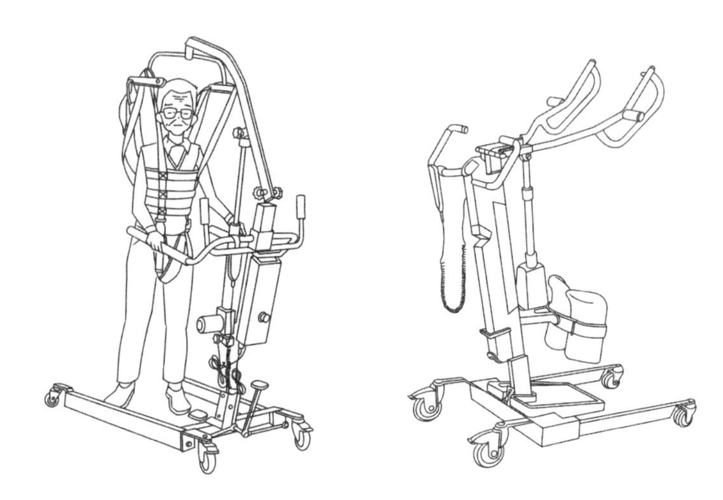

图3-13 站立辅助器示例

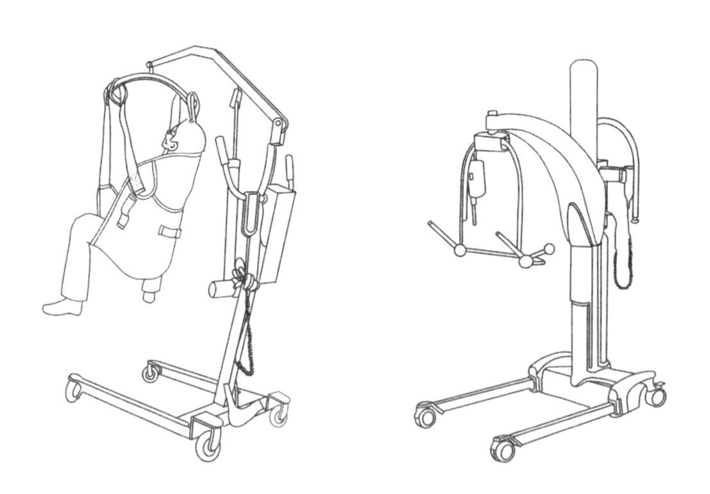

图3-14 吊袋式升降移位器示例

2. 洗浴功能

（1）**沐浴椅**：沐浴椅与一般椅子的差异在于防滑的效果，除了每根脚底部有防滑垫外，椅面和背靠也都使用防滑的材质。沐浴椅凳的类型包括高度可调节型、无椅背型、有椅背型、有扶手型、坐面旋转型、扶手可上调型。部分产品会加装扶手，设置可调整高度，对于坐姿平衡能力不足，下肢关节角度受限、坐位站起能力不足的老年人，可以将椅背全放平进行操作，减少护理人员负担（图3-15a~图3-15c）。

（2）**步入式浴缸、淋浴箱**：沐浴箱的特色是防溅保护及辅助转移，可以使用站立及提升辅助器或使用升降卫生椅移至以及移出淋浴装置。如使用升降卫生椅，可调节升降卫生椅高度便于护理人员在淋浴过程中维持正确的工作姿势。配有马桶功能的淋浴箱可应付大小便失禁等状况（图3-15d）。

a）无靠背式淋浴座椅

b）靠背式淋浴座椅

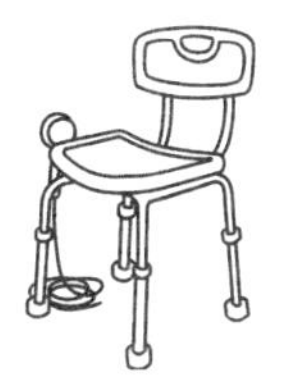

c）挂壁式淋浴座椅

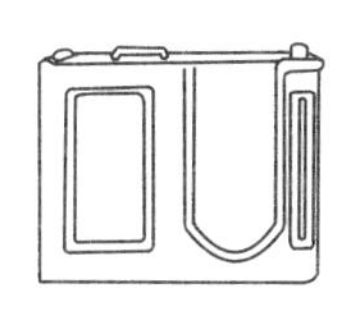

d）步入式开门浴缸

图3-15　沐浴椅示例

（3）**移动换乘台及升降座椅**：移动换乘台是固定在浴缸边缘的坐台，人先坐在移动换乘台上，以坐着的姿势旋转一定角度进入浴缸。移动换乘台不宜过高，跨进浴缸时脚需要触及浴缸底部。升降座椅是一种安装在浴缸中的浴缸升降机，座椅部分可以升高和降低，以支持浴缸中的站立和坐姿，保证安全地进出浴缸（图3-16）。

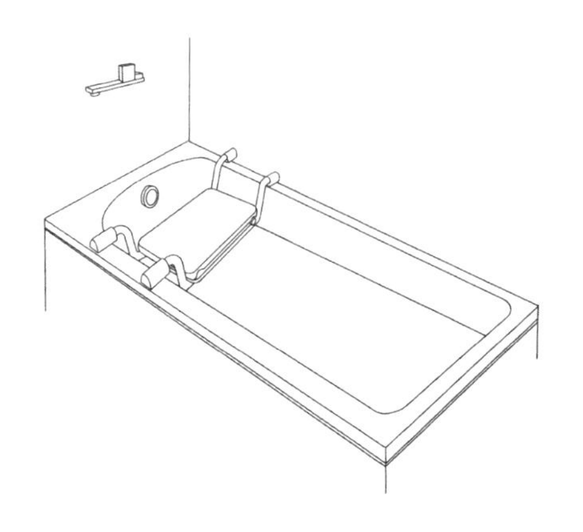

图3-16　移动换乘台及升降座椅示例

不同应用场景下的空间尺寸

1. 排泄功能

坐便器多放置于床的周围来使用，具体摆放位置要考虑到使用者的身体功能（移动/换乘）、需要的护理力度、环境设定等，并充分考虑到房间内的移动路线。

（1）**使用轮椅的老年人独立如厕**。对于不能离开轮椅的下肢残疾的老年人，仍然能够通过臂力、借助扶手将自己从轮椅上转移到坐便器上。由于使用轮椅的老年人需要在坐便器和轮椅间进行身体转移，因而轮椅使用者在如厕时需要较大的空间，轮椅使用者由于如厕方式不同，所需要的空间大小也不同（图3-17）。

1）前方就位：轮椅使用者面向厕位借助两侧扶手前移就位，此

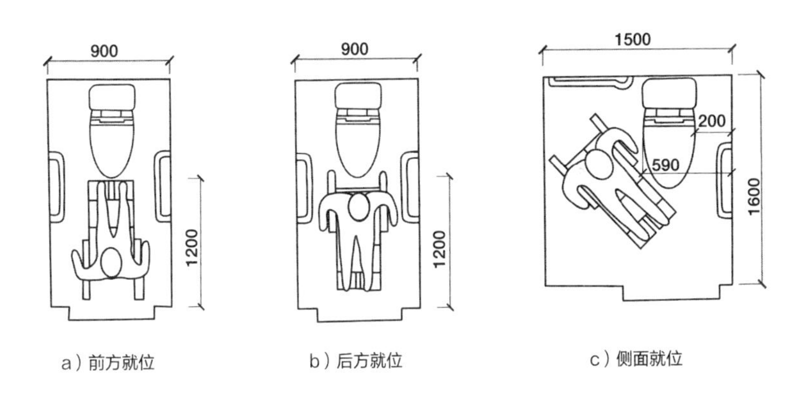

图3-17 使用轮椅的老年人独立如厕示意图（单位：mm）

种就位方式需要将脚踏板卸下或折叠到侧面，以便轮椅能够进一步接近坐便器。适合轮椅使用者的卫生间最小宽度为900mm，坐便器的长度一般为700mm左右，卫生间在长度上要加长至能进入一个轮椅，所以内部空间面积应保证在900mm × 1200mm以上。

2）后方就位：轮椅使用者背对坐便器，借助扶手向后移动就位，空间大小与前方就位时一样，此种情况关键在于自己能方便地卸下轮椅靠背或像拉开拉链一样将椅背从中间拉开，卫生间在长度上要加长至能进入一个轮椅，所以内部空间面积应保证在900mm × 1200mm以上。

3）侧面就位：轮椅靠在坐便器一侧，移动时一只手借助坐便器旁安装的扶手或者干脆支撑坐便器远侧边沿，另一只手借助轮椅扶手从轮椅移到坐便器上。然后将轮椅折叠起来。已知坐便器的长度一般为700mm左右，宽度一般为390mm左右，如果坐便器与一侧墙的距离设置为200mm，那么卫生间的空间尺寸1500mm × 1600mm，刚好能使轮椅进入后斜向靠近坐便器。如果要使轮椅能够旋转360° 则需要2000mm × 2000mm以上的空间面积。

（2）**照护者辅助老年人如厕**。

1）使用站立辅助器如厕：站立辅助器放置在卫生间正前面，鼓励老年人提紧横杆并升起自己至站立姿势，经加高的回转座位设计令站立动作更易进行，当老年人站立握横杆时，在护理人员引领下向后坐上坐便器。为了让照护者在老年人穿脱衣物及坐下站起时给予协助，在每侧都需要留有足够的空间，卫生间面积宜在2000mm × 2000mm以上（图3-18）。

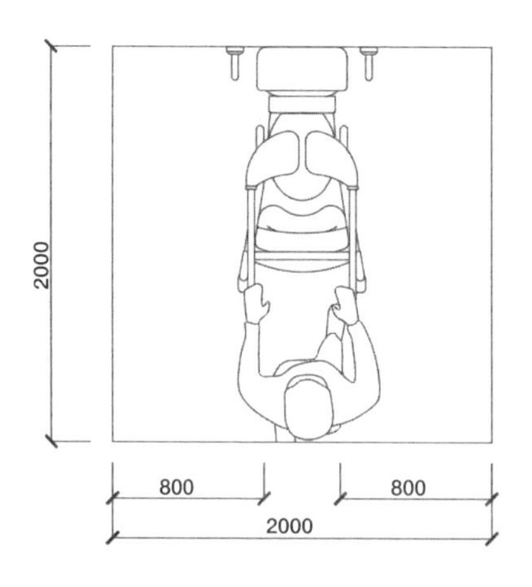

图3-18　使用站立辅助器如厕示意图（单位：mm）

2）使用可调节高度坐便椅如厕：可调节高度坐便椅的设计目的，是在上洗手间的过程中为老年人提供适当的支援并为照护者提供安全的工作环境，如果距离卫生间很远，坐便椅可以让照护者将老年人直接转移至卫生间厕位上，坐便椅还可以方便老年人在淋浴和如厕之间转移。为给予照护者以及坐便椅足够的空间，同时方便照护者在老年人穿脱衣物及坐下站起时给予协助，在每侧都需要留有足够的空间，卫生间面积宜在2200mm × 2200mm以上（图3-19）。

3）使用吊袋式升降移位器如厕：应保证照护者有足够的空间在辅助器任意一侧协助老年人进行穿脱衣物及个人卫生活动，以确保工作姿势正确。移位器每侧都装有可调整高度及作为横向调节的承托臂架，使老年人坐上坐便器时更为安全舒适，不考虑轮椅空间，卫生间面积宜在2000mm × 2200mm以上（图3-20）。

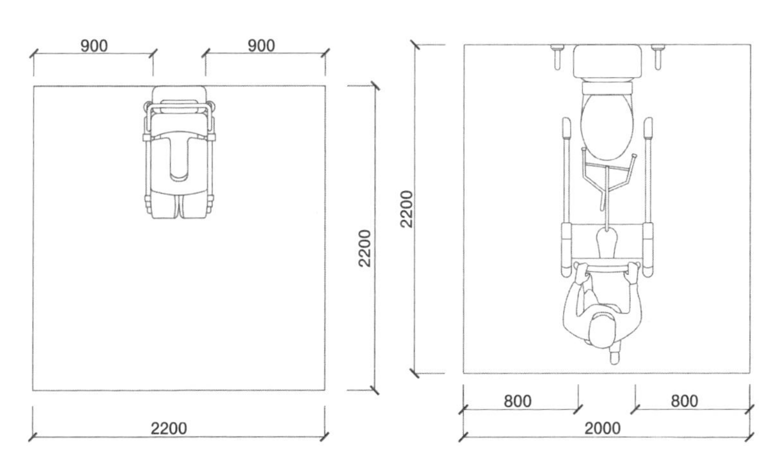

图3-19　使用可调节高度坐便椅如厕示意图（单位：mm）

图3-20　使用吊袋式升降移位器如厕示意图（单位：mm）

2. 洗浴功能

（1）**可自理老年人独立沐浴（含淋浴与盆浴）**。针对高龄和行动不便但是可以自理的老年人采用淋浴比盆浴更为安全。淋浴位置最少面积尺寸为750mm × 1500mm，为了方便轮椅使用者，淋浴位置前至少要保留面积为900mm × 1200mm的空间。考虑到老人长时间站着洗澡比较累，浴室要考虑配有方便老年人使用的淋浴坐凳或者淋浴专用座椅，其高度不宜大于450mm，以便老人起身站稳，可结合安全扶手进行安装（图3-21）。

针对可以自理的老年人，可设置自主洗浴浴盆，浴盆外缘高度宜约450mm，宜在浴盆旁加设一定宽度的坐台以保证出入浴盆时身体和血压的稳定；针对下肢瘫痪、需轮椅入浴的老年人，浴盆和坐台要与轮椅的座高一致，方便老年人从轮椅上移至坐台再进入浴盆。如果使用轮椅的残疾老年人从侧面转移到坐台，宜使用扶手可拆卸或可折叠的轮椅；如果轮椅使用者从正面入浴，且轮椅脚踏板不能拆卸或折叠，坐台下部应留出一定的空间；如果轮椅的脚踏板能够拆卸或折叠，坐台下部不必预留空间，浴室空间需能容下轮椅在其中移动、旋转（图3-22、图3-23）。

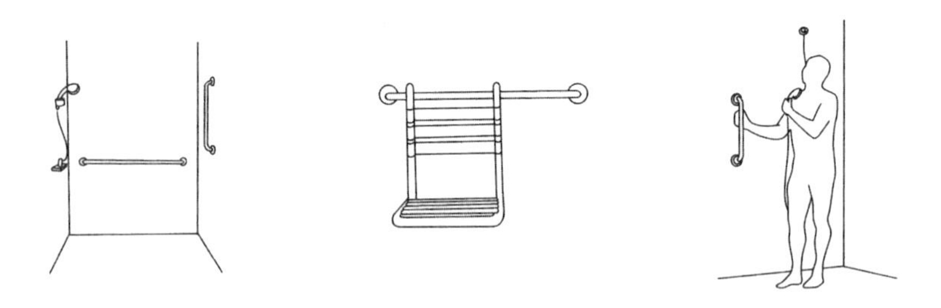

图3-21　可自理老年人独立淋浴示意图

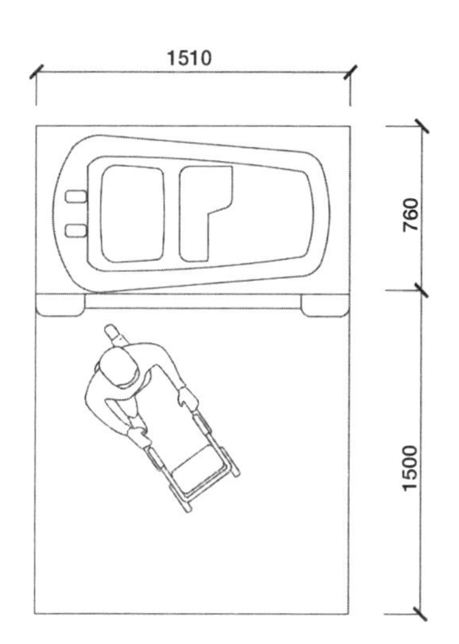

图3-22　使用助行器的老年人入浴示意图（单位：mm）

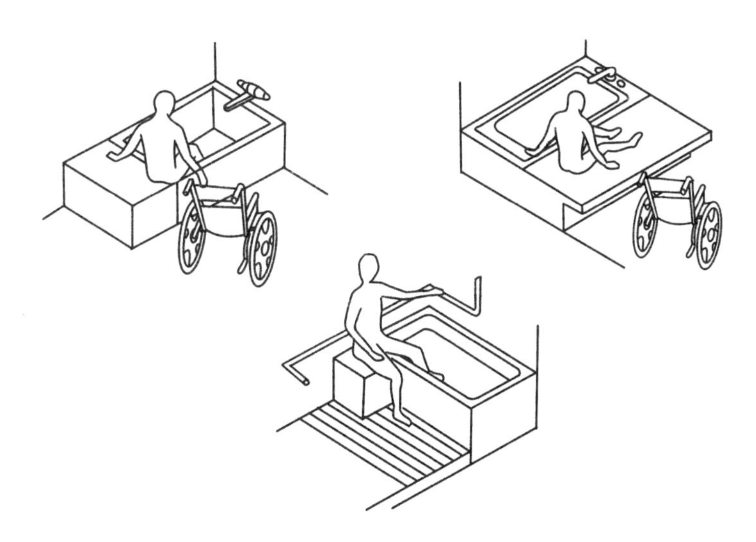

图3-23　使用轮椅的老年人入浴示意图

（2）**照护者使用辅具辅助老年人沐浴**。针对半自理、失能老年人，在使用可调节沐浴椅洗浴时需要在照护者搀扶下或借助站立及提升辅具移入或者移出。可调节高度的沐浴椅有斜躺以及腿靠的功能，保证了老年人的安全以及照护者在淋浴、洗发及洗脚的过程中保持正确的姿势，座位下留有足够的空间，方便将沐浴椅放置在马桶上，节省空间。在沐浴椅两边需要留有护理人员的空间，在足部的一端需要留有冲洗足部的空间，因此洗浴空间面积宜在2200mm × 2200mm以上（图3-24）。

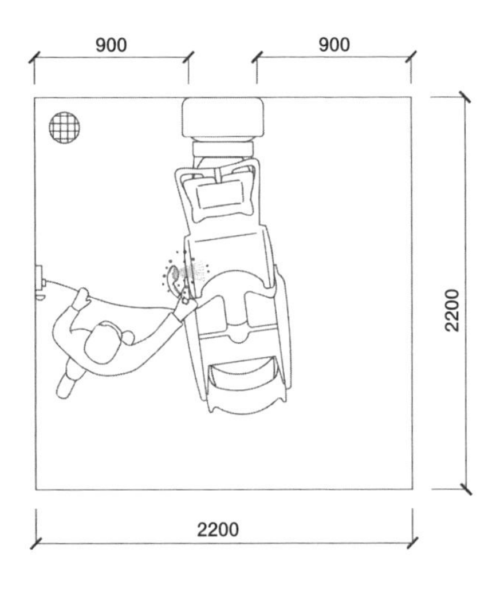

图3-24 使用辅具辅助老年人沐浴示意图（单位：mm）

起卧与照料

老年人起卧与照料辅具使用需求

在老年人日常生活中，无论对于可自理、半自理还是失能、失智的老年人来说，起卧与照料都是生活重要的组成部分，与此相关的适老辅具在老人生活照护过程中扮演着重要角色。①补偿护理人员护理能力：照护人员独自应用适老移动辅助装置与移动辅具时，可以轻松安全地实现转移各类身体状态的老年人。②补偿代偿功能：老年人由于器官的退行性改变，在听力、视力、语言、智力、吞咽、活动等方面的能力逐渐减弱，以致在活动和参与中出现困难甚至发生功能障碍，并逐渐演变到轻度失能、重度失能、完全失能。为此，需要及早为老年人提供相应的起卧及照料适老辅具来补偿或代偿功能障碍，延缓失能程度，减轻照护负担。

在老年人的起居动作中，床所起到的作用至关重要。老年人对床的生理需求包括：①床的稳定性和安全性，床的安全性直接关系到老年人的生命安全；②医疗信息交流，失能老年人一旦选择家庭康复，意味着康复治疗师无法第一时间根据老年人的身体状况设计康复方案，老年人和照护者无法与康复治疗师等专业医生评估老年人的身体状况和康复计划的实施情况；③使用方便，方便老年人学习使用，减少老年人操作难度；④移动功能，满足老年人的简单活动需求，同时方便老年人入睡，降低护理难度。

老年人对生活护理床的心理需求包括：①社会需求，由于身体失能和护理环境的限制，完全失能的老年人的规模正在缩小，护理床的功能应考虑老年人外部活动，对老年人社交起到引导和帮助作用；②尊重需求，对于许多失能的老年人来说，他们的心理容易出现问题，自尊心易受到伤害，照护者的生活护理有助于唤醒老年人尽其所能照顾自己，并保持他们的信心和自尊；③美学要求，生活护理床的颜色应与专业医疗护理床的颜色不同，营造温馨的家庭氛围，通过一定的情感细节来引导老年人的心理愉悦，促进老年人的心理舒适；④情绪需求，护理床应为老年人提供一定的娱乐消遣活动，为老年人的生活提供丰富的客观条件，缓解医疗生活的单调。

不同类型辅具的功能应用

1. 适老功能护理床

因老年人卧床时有较多照护和康复动作，床上每一个摩擦力都有对应的接触点承担，体位改变会造成压力增加，对老年人身体造成负担。适老功能护理床的使用能够减少失能老年人 65%的压迫感，通过调整床垫起伏角度将局部压力分散，提高老年人的卧床舒适度（图 3-25）。

适老功能护理床应具备四大功能：一是床体的整体升降功能，从而保证老年人下床时膝关节呈 90° 双脚着地，实现脚踏实地下床。再则床体的整体升降高度可以根据照护者身高臂长和照护习惯进行调节，便于老年人从床上移到轮椅或活动助行器材，亦可以减轻照护者照护强度，提高照护效率。二是床的移动功能可以实现克服居室房间面积小、一侧必须靠墙而带来的照护困难，照护时将床移动至房间中央，实现 360° 的全方位照护，照护后复位。白天可以随着太阳移动增加日照。三是床的背起功能可以改善老年人的体位，降低压疮风险。四是双则护栏功能，针对老年人生活中最大的困难在于上下床，在老年人下床的过程中，其所受重力完全从床上转移到地面，是最危险的环节，当老年人离开床以后会失去平衡点，而适老功能护理床的助力侧护栏对老年人上下床起着支撑和平衡的作用，保证平衡力的分散。

床边需有空间摆放床头桌，床头桌可以推到床上供住院病人进食或阅读。床头桌须容易推开，使照护者可以在床边工作。床下应有150mm高的空间，以便于辅具的使用。

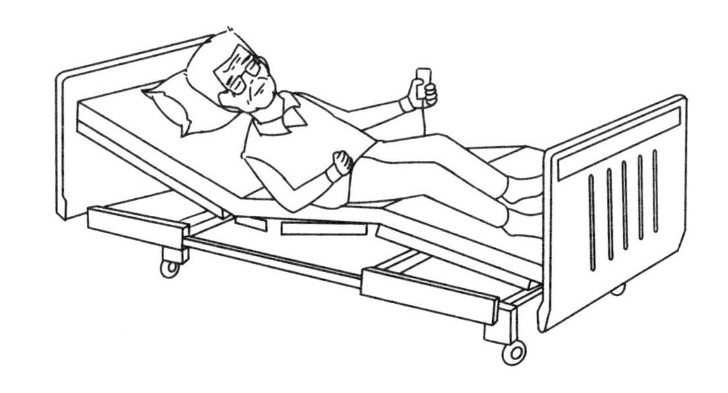

图3–25　适老功能护理床

2. 智能监测床垫

失能老人大部分时间在床上度过，床边不可能长时间有人，一旦突发疾病或异常往往不能及时发现会耽误救治。为确保安全，对老年人尤其是失能老年人身体进行远程智能监测非常必要。目前监测器具多为智能监测床垫，具有心率/呼吸监测、在床/离床监测、持续体动监测、睡眠质量分析（深睡、浅睡、睡眠时长）、监测数据超限即时报警等功能，可将老人身体监测数据按家属要求同时发给护理人员、保姆、家属、子女、医生等所有允许知道的人，手机可实时查看，一旦身体异常自动报警并通知上述所有人，另外还可对尿湿、两小时未翻身等情形进行报警提醒（图3-26）。

3. 适老移位辅具

适老移位辅具属于室内辅具，是辅助自身无法移动的老年人或照护力量不足时的一种有效移动器具，通过移位换乘实现离床、上床、乘坐轮椅、如厕、洗浴等，可分为站立移位辅具、站立及提升移位辅具、吊环升降器等（图3-27~图3-29）。适老移位辅具是机构和家庭生活照护的基本辅具，可以保护老年人安全移位、维护老年人尊严、减轻照护者劳动强度与照护风险。适老移位辅具，一般都需要有足够的空间来适应。

4. 适老床上照料辅具

适老床上照料辅具包括卧床老人翻身辅助器、防褥疮垫、提拉带、多功能约束手套等，具有辅助护理人员轻松变换体位，辅助卧床运动，降低老年人翻身、排泄等行为的护理难度，有效预防褥疮等功能，减轻护理人员负担（图3-30~图3-32）。

图3-26 智能监测床垫

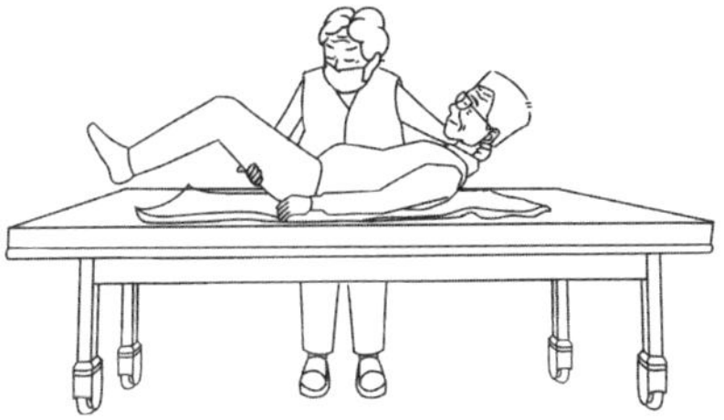

图3-27 移位垫

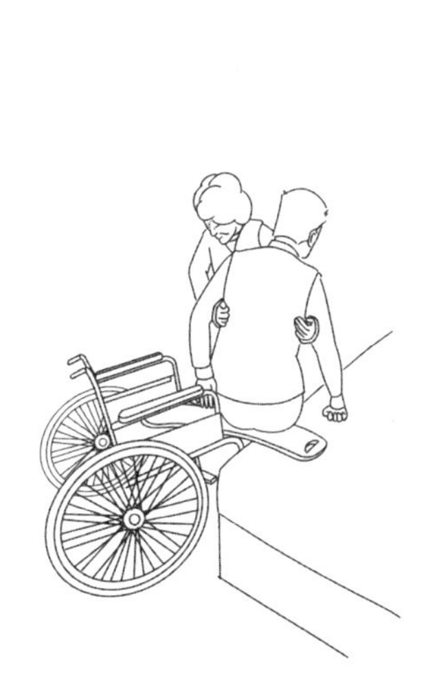

图3-28 移位板

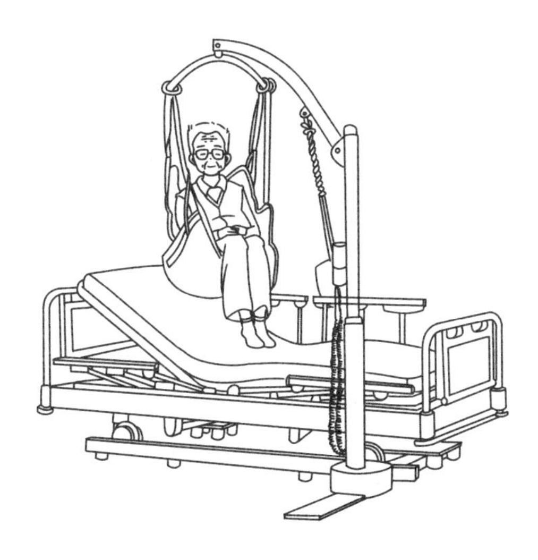

图3-29 移位机

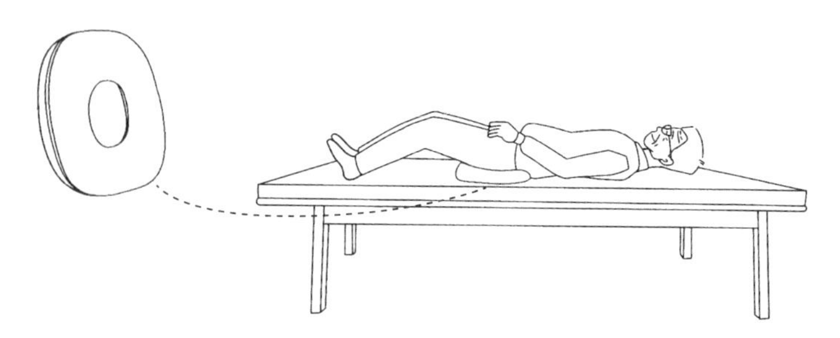

图3-30 防褥疮垫

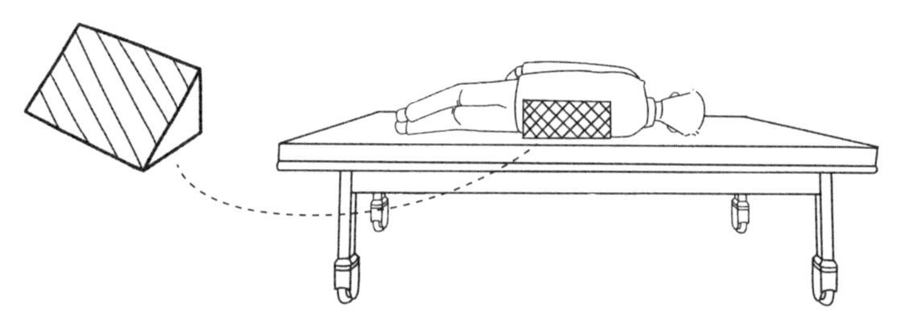

图3-31 翻身垫

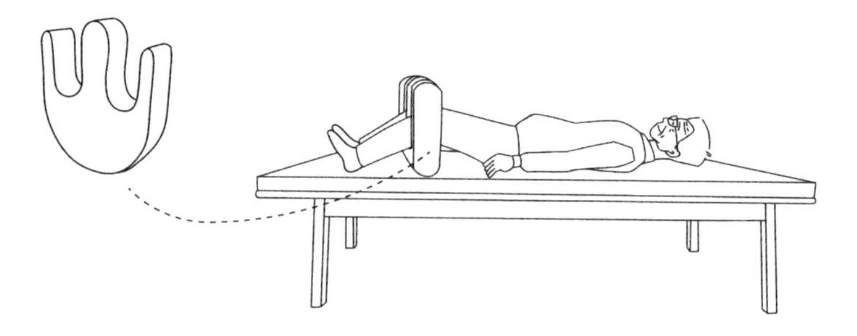

图3-32 翻身辅助器

5. 适老生活自助具

适老生活自助具即“老年人帮助自己的工具”（图3-33）。以生活自理和回归社会为目的，根据每个老年人的不同功能障碍潜能设计，或在商品的原有基础上，进行再加工制作而成。适老生活自助具的使用范围很广，从日常生活琐事到家务活、工作、运动、休闲娱乐等，生活中的所有事情都可借助适老生活自助具来处理，并且功能多，种类全，可以补助或代偿身体某部分的功能障碍机能，灵活应对各种情况，用于饮食、更衣、理容、排泄、沐浴、移动等日常琐事，减轻照护者负担。

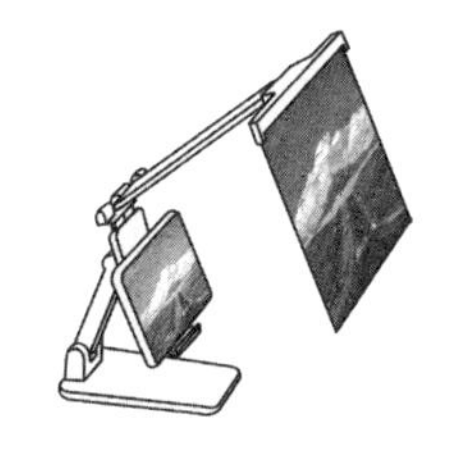

手机放大镜

材质	尺寸	放大倍数
ABS树脂	190mm × 120mm	约3倍

放大镜指甲钳

材质	尺寸	放大倍数
不锈钢、ABS树脂	107mm × 15mm	约2.5倍

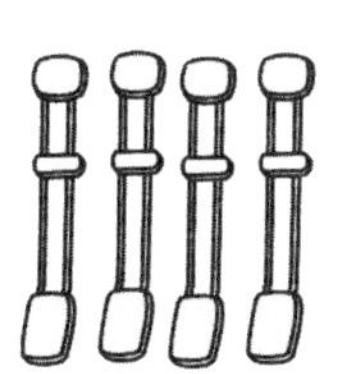

涂膏药辅助器

材质	尺寸
ABS树脂	355mm

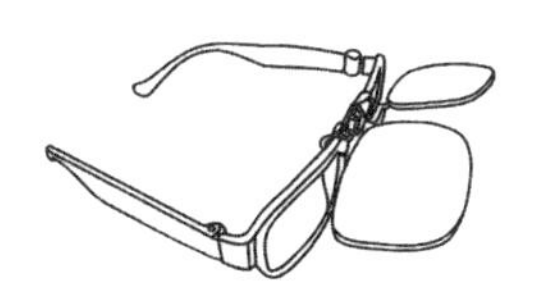

上翻镜架

材质	款式	功能
钛金属	全框、半框	镜片可上翻

切药盒

材质	重量	尺寸
ABS树脂	30g	80mm×60mm ×20mm

贴膏药辅助器

材质	尺寸
ABS树脂	140mm × 100mm

图3-33　适老生活自助具

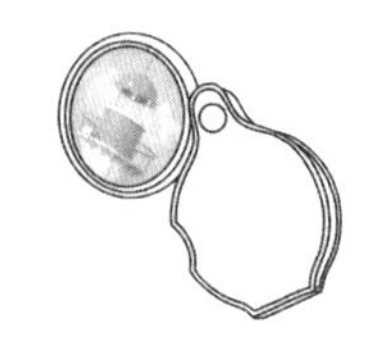

可折叠放大镜（带LED灯）

材质	尺寸	放大倍数
高品质光学镜片、树脂	165mm × 60mm	约3倍

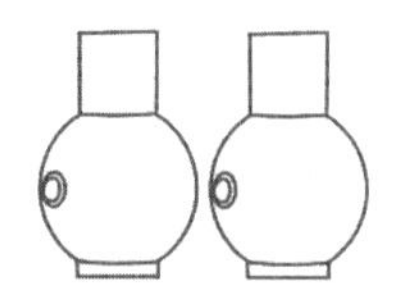

栏杆抓握球

材质	重量	尺寸	适用直径
弹性树脂、不锈钢	约75g	60mm ×50mm × 50mm	32mm、35mm

图3-33　适老生活自助具（续）

不同应用场景下的空间尺寸

没有空间，再好的适老辅具也无法应用。随着时代的进步，能为老年人的生活提供帮助或提高老年人独立生活能力的辅具逐渐增多，伴随着辅具的使用，老年人的行为活动也会发生相应的变化。我们需要充分考虑辅具的使用和存放需求，为其留出适宜的空间。

为与护理相关的功能及社交活动在床四周规划充裕的空间是很重要的。床边必须有充足的空间去配合移动调遣不同的辅具。房内应有额外的空间用以摆放老人所需的辅具。此外，床边需要设置经细心安排位置的电源插座，以便于需要插电的辅具在床边工作。

1. 无须辅具的护理

当卧床老年人需要照护者进行无须辅具的护理时，床的周围应为其留有充足的空间。坐在床边椅子进行护理时需要宽度为900mm的空间，跪在床边进行护理时需要宽度为1150mm的空间，弯腰俯身进行护理时需要宽度为1000mm的空间。

2. 床与轮椅、移动马桶之间的转移

床边应留有800mm的宽度以便轮椅通行，如需照护者辅助老人进行上下轮椅或在轮椅上进行活动，床边应留有1500mm以上的宽度。移动马桶也同样适用此空间尺寸（图3-34）。

将老年人从床上移到轮椅或从轮椅移回床上时，轮椅在大部分情况下应朝床保持一定角度摆放，以为老年人双腿挪出空间。如有需要，照护者可协助老年人弯身向前坐上轮椅或移至轮椅上。如果需要床边转移，可利用移位板。轮椅放在同一位置，移位板置于床及轮椅之间。在某些情况下，如果移走轮椅的扶手，转移会较为容易。如果老年人没有自主转移至轮椅的能力，则应该使用升降器材。都需要足够的空间完成。

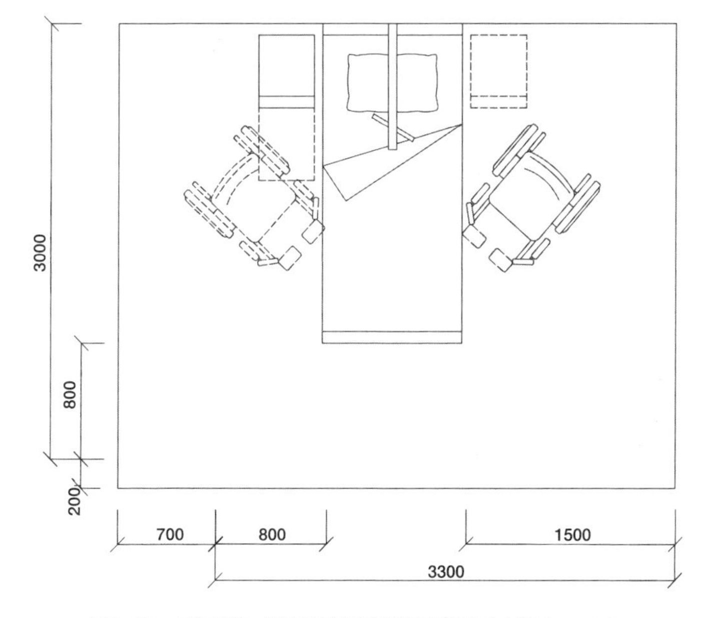

图3-34　床与轮椅、移动马桶之间转移的空间尺寸（单位：mm）

3. 床与助行器之间的转移

床边需要留有一定的空间，以便于助行器能放成一定角度让老年人起床时摆放双腿。照护者在需要时应给予协助。因老年人在使用助行器时，常需先前行再转弯，因此床边应留有1300mm的宽度供其自由活动，助行器的停放及通行空间宽度为800mm（图3-35）。

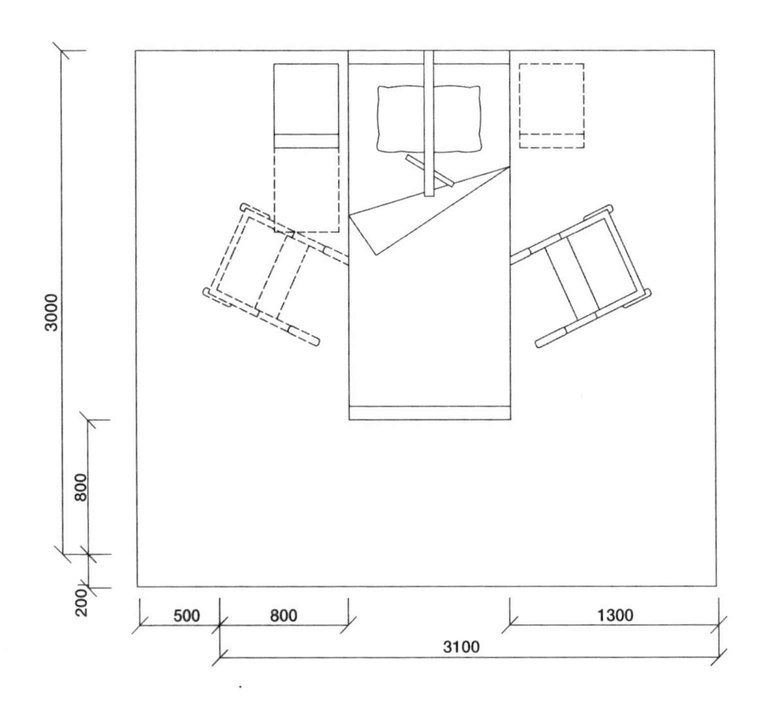

图3-35 床与助行器之间转移的空间尺寸（单位：mm）

4. 床与站立移位器之间的转移

站立移位器独特的设计允许老年人部分受力，以协助他们自己站起身来，并让他们能够轻易地被护理人员转移至轮椅或卫生间等地方。站立辅助器鼓励老年人参与自己的转移过程，改善其血液循环、呼吸、消化功能和肌肉张力，同时降低身体僵硬的程度。护理人员需要充足的空间移动站立移位器去协助老年人移位（翻上/下靠板，放好老年人双腿），因此床边应留有宽度为1400mm的空间供其进行操作。站立移位器所需的通行空间宽度为800mm（图3-36）。

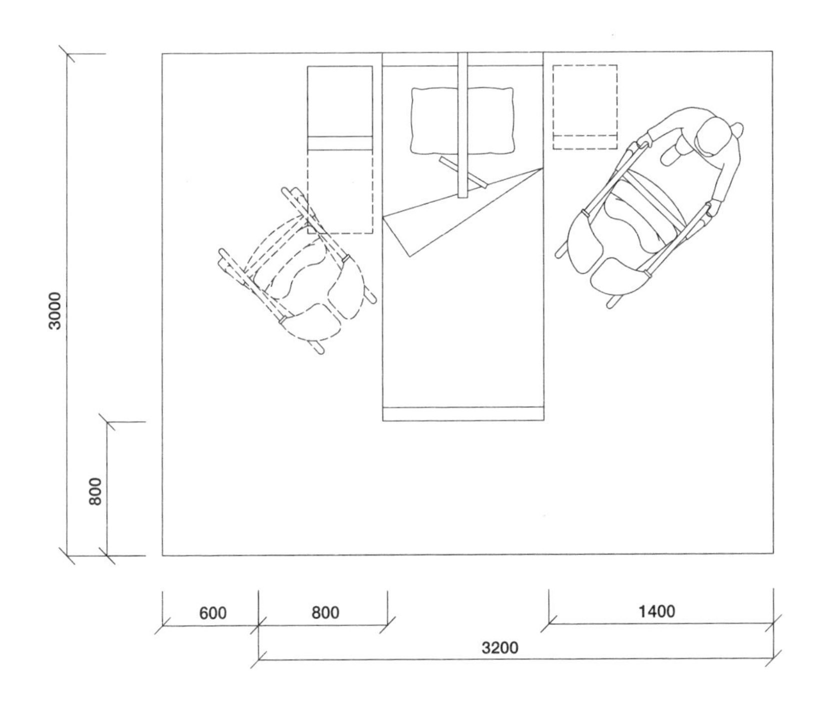

图3-36 床与站立移位器之间转移的空间尺寸（单位：mm）

5. 应用吊环升降器进行床与轮椅间的转移

吊环升降器的底盘宽度可以进行调节，使其更容易越过床下的障碍物，将使用空间尽量缩小。吊环升降器的活动底盘可以推进床底，使从床转移到轮椅之间需要的工作范围减至最小。如果有老年人跌倒，照护者可用吊环升降器舒适安全地升起老年人。当转移老年人至轮椅时，床边应为轮椅预留额外空间，方便护理人员推动轮椅。因此床边应留有宽度为1700mm的活动空间，其中800mm为吊环升降器的通行空间的宽度。如有需要，床可以移动，便于一侧挪出更多空间（图3-37）。

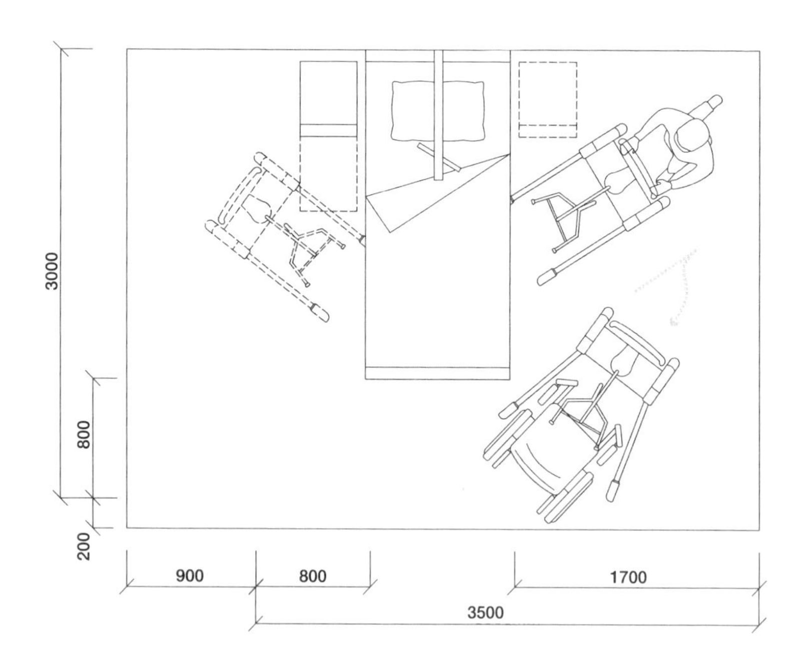

图3-37　应用吊环升降器进行床与轮椅间转移的空间尺寸（单位：mm）

园艺与康复

老年人园艺疗愈的需求

研究表明，园艺活动有利于身体、心理、精神多方面的健康，具体包括提升记忆力、专注力、理解能力、思维敏捷性、肢体灵活性、肌肉强度、社交能力等。参与者如果能坚持每天进行五分钟的园艺操作活动，只需要一个月就可以提高近一半的背部肌肉量。当参与者进行挖地翻肥、除草间苗等需要全身运动的园艺活动时，就相当于进行了中等强度的体育锻炼；当参与者进行修枝浇水、移栽换土等仅涉及上半身运动的园艺活动时，则相当于进行了低强度的体育锻炼。通过园艺操作活动增加参与者每天进行锻炼的频率和时长，可以间接提高参与者的健康水平。坚持进行一段时间的园艺操作活动还可以有效降低参与者的体脂率，增强肢体的灵活性和协调性，使参与者感觉精力更加充沛，并从生理层面减轻压力和紧张感，从而达到对心脑血管疾病、老年炎症和阿尔茨海默症等多种疾病的预防或缓解的目的。

近些年来，我国的园艺产品市场规模连年增长，老年人的园艺产品消费需求不断上升，越来越多的家庭意识到了居家园艺发挥的自然疗愈作用。我国老年人居家园艺疗愈需求有如下特点：

（1）城市空间中高层建筑的发展满足了更大的空间需求，同时也疏离了人与自然的紧密联系。相对乡村老年人来说，城市中生活的老年人缺乏自然采光、自然通风，并与外界相对隔离，导致生理疾病和与建筑物有关的疾病。研究表明，压力、无聊、烦躁和其他心理状况往往与高密度人居环境的不良设计有关。绿地、水体等自然景观作为重要的恢复性元素，具有缓解压力、改善情绪、提升认知能力等恢复性效益。对于高密度城市，在日常生活场景中满足老年人的恢复性体验尤为重要。然而，高密度城市空间极大限制了老年人与地面恢复性环境的联系，对城市中的老年人的影响尤为严重。

“园艺疗法”已经成为现代景观设计的主要模式，居家园艺疗愈可以在家庭中为老年人营造一种温馨舒适的生活环境，可以帮助老年人舒缓心情、陶冶情操、增添生活情趣和促进身心健康等。

（2）居家环境条件受城市中家庭空间有限等条件影响，老年人在居家条件下进行园艺活动有一定特殊性。水分、养料、温度与光照是植物赖以生存的几大要素，对于室内植物来说除这几大要素外又多了一些要求。首先来说，室内光照比较少，与户外相比植物进行的光合作用比较小，因此，生理活动较缓慢，浇水量大大低于室外植物，故浇水的原则本着宁少勿多的原则。掌握“见干才浇，浇则浇透”的原则，一般3~7天浇灌一次，也需随季节的变化而适当做出调整，春、夏生长季节适当多浇。此外还可用喷壶或小喷雾器叶面洒水，夏季每天两次，冬季每天一次以增加湿度，并清洗叶面灰尘，利于光合作用。温度是室内植物生长所必须的条件，由于暖气、空调的出现，现代室内的温度比较恒定，对于室内植物的生长来说是一个比较有利的条件。一般来说，室内植物的生长温度在20~30℃，植物为了适应自然界，也有保护自己的方式，如在冬季，植物也有适度的冬眠期。冬季也往往是限制植物生长和威胁植物生存的时期。在种植方式上也与室外有一定差别，可利用无土栽培，即不用土壤，用溶液培养植物的方法，包括水培和沙培。水培是指植物部分根系浸润生长在营养液中，而另一部分根系裸露在潮湿空气中的一类无土栽培方法。水培花卉具有管理方便、清洁卫生的优点，一般用透明容器，容器内还可以养鱼等增添美感、动感和生命力。但并非所有的花卉都可以水培，一般是一些观叶植物比较适宜水培，如一帆风顺、吊竹草、彩叶草、虎耳草、吊兰、一叶兰等。也可攀缘式种植，利用一些具有吸盘、卷须、气生根等特殊器官的攀缘植物攀附支架向上生长，形成一种立体景观的室内绿化装饰形式。在室内绿化中常将盆栽攀缘观赏植物放在客厅、卧室、窗台或者阳台的墙壁等处，在上面空间制作一些简单的支架，让植物的蔓茎攀缘而上的生长。

（3）在身体方面，老年人随着时间的推移，身体各项器官机能都会出现退化现象，且常常伴随着各种慢性疾病，如心脑血管类疾病、呼吸系统疾病、关节病变等。长时间久坐不出以及不喜爱户外运动的老年人，其身体素质会较差，大部分老年人在日常活动中也都是以散步这种单一的方式进行的。有关科学研究表明，如果人的身体长时间不进行活动，人的组织器官将会严重退化；而适量的运动可以激发身体的活力，延缓个体的衰老。在进行园艺劳作的过程中，老年人需要替植物换盆，要进行浇水、施肥、修剪等工作，这其中不时有举手、伸展、弯腰、下蹲等肢体动作，可以有效训练手脚肌肉的灵活性，训练身体的平衡力，锻炼手眼的协调能力，这对于肢体有障碍或行动不便的老人，也可以提供亲近大自然的机会，不但对老年人身体健康大有裨益，而且也可以让他们精神上得到慰藉。

居家园艺的疗愈功能应用

窗台在居室空间中面积最小，近几年，随着飘窗形式的广泛应用，窗台空间尺寸也随之增大，逐步成为居室生态园艺设计的重要组成部分。

窗户是居室采光、通风的重要部分，其景观设计既要满足功能需要，又要与窗台较小的空间尺度相协调，多采用陈列及悬挂绿色植物两种简洁的塑造方式，即将盆栽植物置于窗台或在窗台上方悬挂，构成绿色视点，使呆板的窗台显得生动，充满活力，与方形窗框共同形成一幅绿色景观画。

窗台植物摆放应遵循简单、自然、随意，注重植物自身景观造型，以看似不经意间的布置，形成景观神来之笔。同时，根据植物观赏特性、生态习性，居室不同空间的窗台又有各自特定不同的绿色植物配置。

阳台装修是居室装修的一部分，通过生态园艺设计，阳台可以变成宜人的小花园，让老年人在居家生活中足不出户也能欣赏到大自然美丽的风景色彩，呼吸清新的空气。阳台生态园艺设计常用攀缘或蔓生植物，采用平行垂直绿化或平行水平绿化。不同的阳台类型采用不同的生态园艺设计，选用不同的植物材料，形成风格各异的景色。例如：西向阳台夏季西晒严重，采用平行垂直绿化较适宜。植物形成绿色帘幕，遮挡着烈日直射，起到隔热降温的作用，使阳台形成清凉舒适的小环境。朝向较好的阳台，可采用平行水平绿化，以观花、花叶兼美的喜光植物来装饰；北向光照较差的阳台以耐荫、喜好凉爽的观叶植物装饰为宜。为了不影响生活功能要求，阳台生态园艺设计要根据具体条件选择适合的构图形式和植物材料。

露台的面积相对较大，通常有数十平方米，所以设计手法具有灵活性，除了单纯的植物群落配置外，还可以结合功能设施的摆放，巧妙利用主体建筑物的屋顶平台、女儿墙和墙面等开辟绿化场地，塑造园林艺术的感染力，使露台花园成为人们理想的休闲娱乐场所。其中，屋顶花园要有安全保证，建筑物要能安全地承受屋顶花园所加的荷重，如植物土壤和其他设施的重量。此外，屋顶花园要在已完成的屋顶防水层上进行。由于园林小品、土木工程施工和经常的种植耕种作业，极易造成破坏，使屋顶漏水，引起极大的经济损失，以至建筑屋顶花园的实施阻力重重，应引起足够重视。

不同场景下的园艺疗愈空间尺寸

随着人们生活水平的提高，将园艺疗愈空间纳入住宅常规功能是一种趋势。在我国现有居住条件下，具备户外花园空间的住宅还是少数，大多数的城市居民如果希望在家中营造园艺疗愈空间，则需要在室内选择适宜的位置。植物可以见缝插针式的在居家环境的任意位置种植，但是考虑到植物的生长需要以及更高效的维护管理，将阳台等采光、通风较好的区域作为园艺空间来营造是最好的。如果将园艺活动的需求纳入住宅设计，那么应根据园艺器械以及人体工程学活动需求，来确定通行、操作空间的基本尺度。植物的规格多种多样，常见的一些草本花卉、叶菜在15~20cm土壤深度的条件下就可以成活，其地上部分的规格随着生长周期会有所变化，需要考虑其成熟期的规格来预留生长空间，同时考虑采光和通风，一些常见的植物规格可以参考图3-38的尺寸。植物的栽培过程中，一些称手的工具、智能的器械会让种植劳作变得事半功倍，如图3-39所示是一些常用的园艺工具、器械如土铲、剪刀、浇水壶、自动浇灌机，合理的收纳，会让花园空间看起来更加整洁，在花园营造的过程中要留好位置。人体工程学为花园空间营造提出了高度和宽度两方面的要求，站姿和坐姿操作是更加轻松愉快的方式，如图3-40所示，从老年人行为安全的角度出发，最高的操作面不宜超过肩膀（站姿），最低的操作面不宜低于膝盖（蹲坐），台面操作区的宽度不宜小于植物的基本规格，也不宜大于450mm，超出舒适的施力范围。

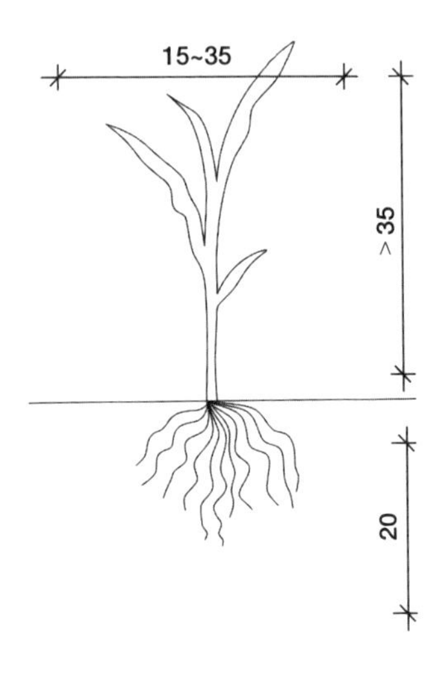

图3-38　常见草本花卉、叶菜类植物所需空间（单位：cm）

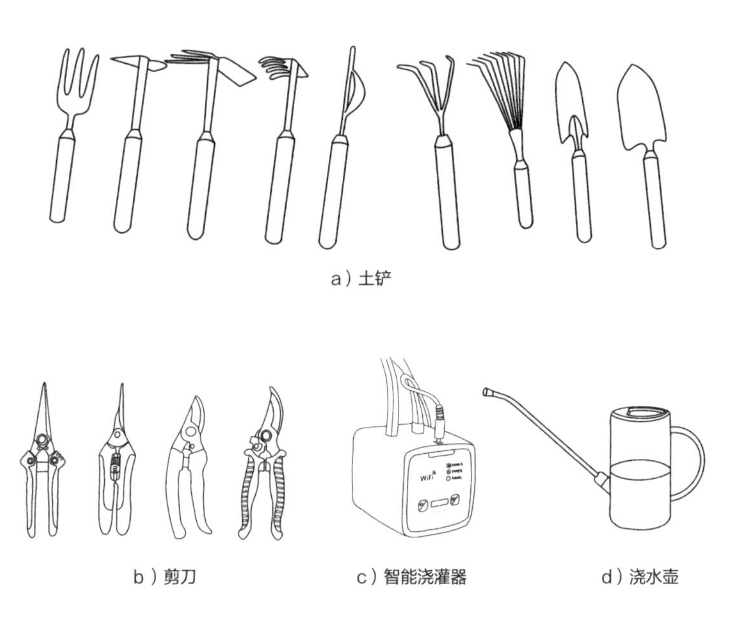

a）土铲

b）剪刀　c）智能浇灌器　d）浇水壶

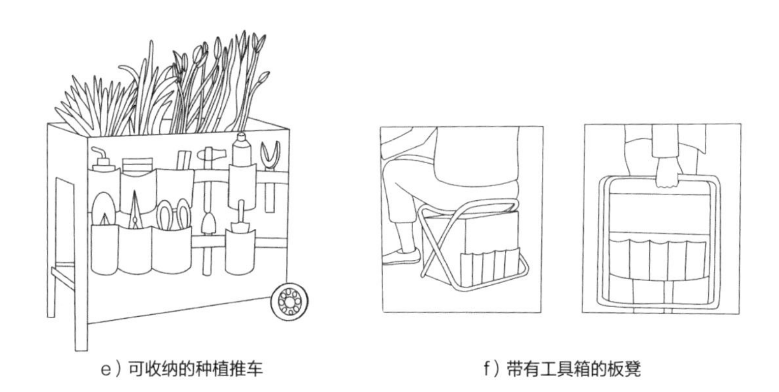

e）可收纳的种植推车　f）带有工具箱的板凳

图3-39　常用的园艺工具、器械

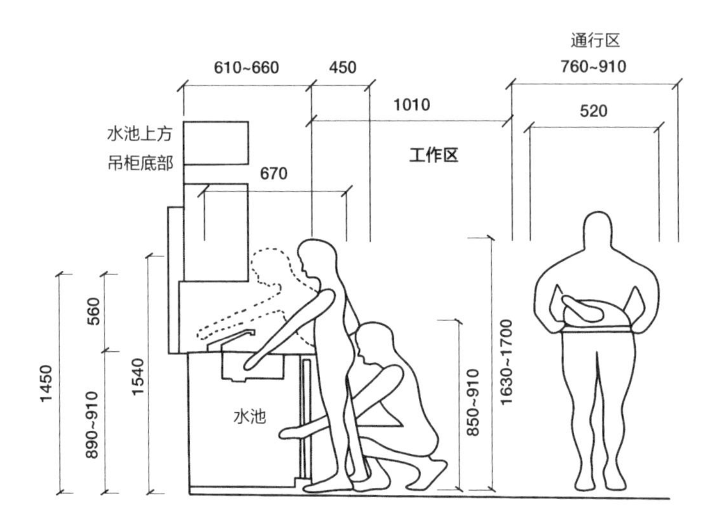

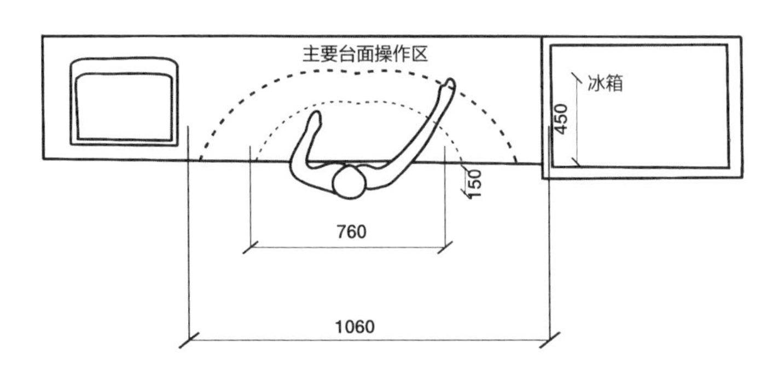

图3-40 人体工程学尺寸参考

园艺疗愈空间的尺度可以是十几厘米到几十厘米的桌面微景观（图3-41），也可以是占据若干平方米面积的住宅功能空间，此时应当考虑植物管理活动的空间尺度，以及常规居家植物的体量所需的操作空间尺度。参照单人的基本通行宽度500mm和一般草本植物的蓬径350mm作为单侧操作的基本尺度，空间可以根据900mm为基本模数，根据家庭需求进行组合延展。如图3-42所示，两侧各自550 mm的通行面加上700mm的多侧操作面，居家面积充足的，以及具备户外庭院条件的，还可以预留更加宽松的通行空间，种植更大规格的植物，但植物的操作面最好还是控制在双手可及的范围内，便于后期的管理维护。

图3-41　多种类型的微景观

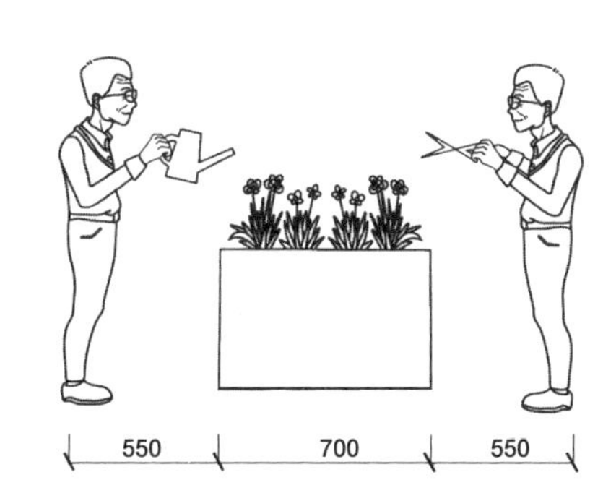

图3-42　花园空间尺度示意（单位：mm）

以阳台为例，我国的阳台常见的出挑宽度为1~1.2m，1m的阳台可以考虑单面操作布置，结合悬挂、置物架达到复层空间利用。1.2m的阳台可以考虑双侧布置植物操作面，中央作为通行面，满足一人回身操作，在与居室相接的入口区尽量宽松（图3-43）。

对于空间有限的场所，或者希望在现有的厨房、居室局部点缀，则可以通过微景观的营造，享受迷你花园带来的乐趣，这需要精心的养护管理，严格控制植物的体量。

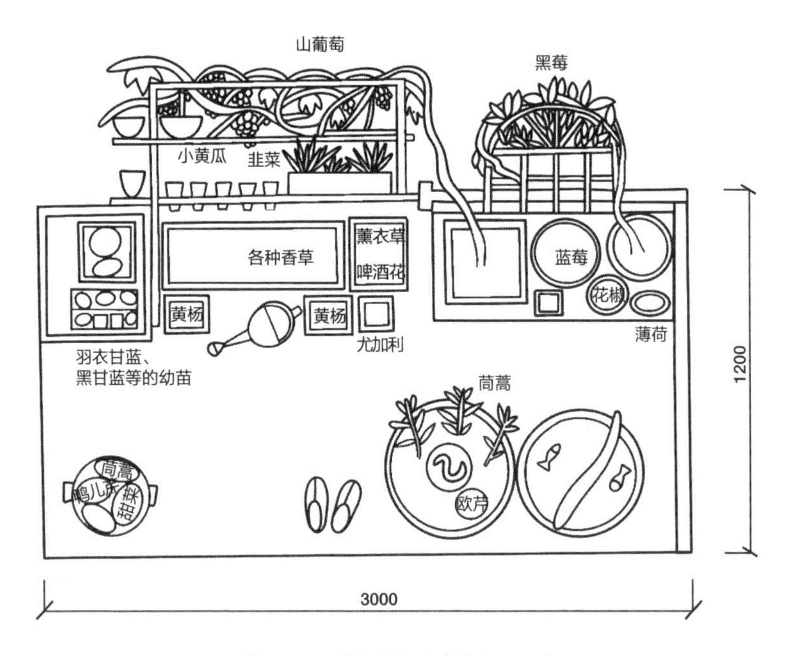

图3-43　阳台尺度示意（单位：mm）

以厨房迷你菜园为例：借助窗台、操作台的局部营造迷你菜园，植物宜选择体积小、可食用、短周期、容易管理的物种，根据其生长周期、体量规格、生长习性合理搭配，比如香菜+辣椒+鸡毛菜、大蒜+小油菜+番茄、生姜+芝麻菜等（图3-44）。

我国的既有住宅厨房空间往往都非常局促，部分户型光照不足，这种情况下需要选择耐阴植物，或者通过人工补光的方式满足植物生长需要。

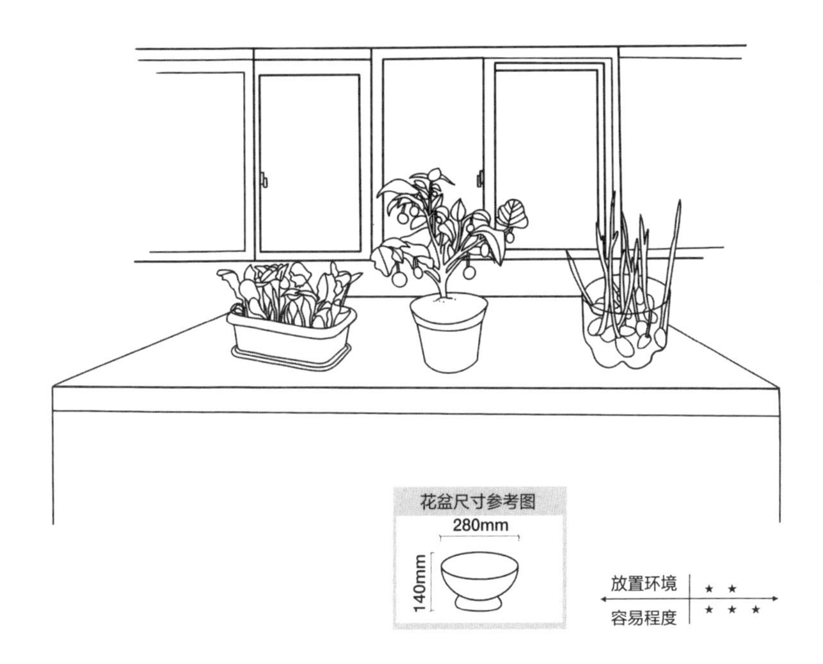

图3-44 厨房迷你菜园示意

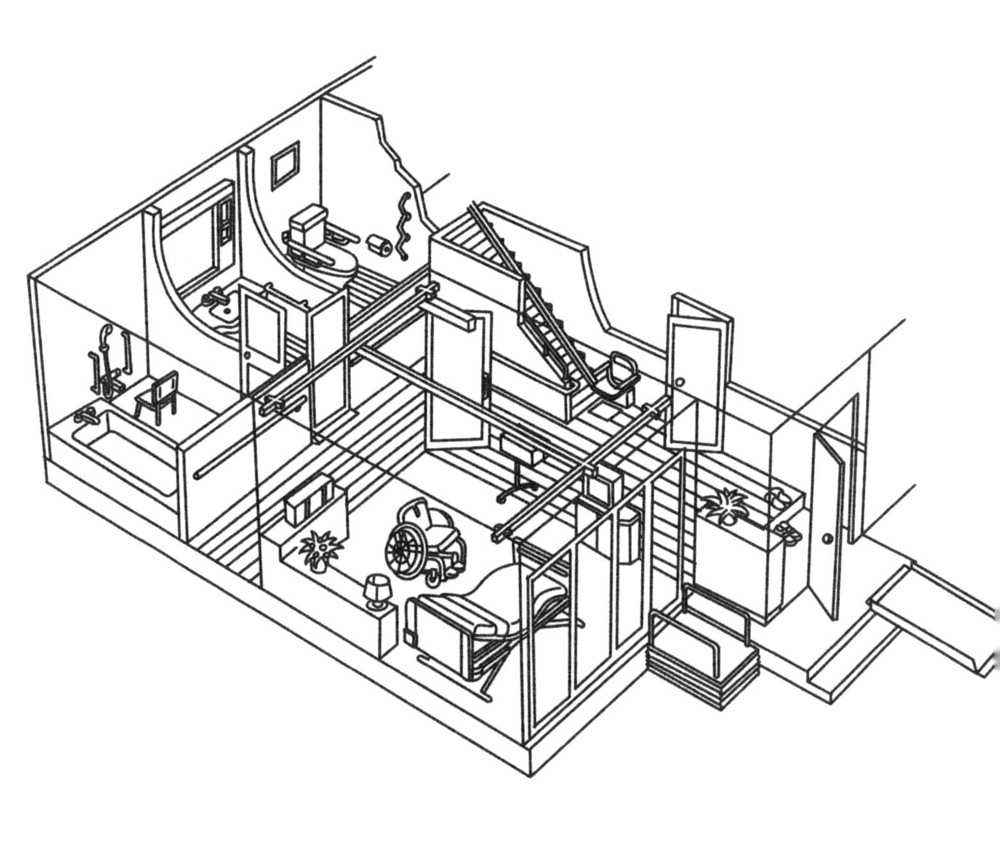

CHAPTER

第4章

服务与空间

服务和住宅的一体化设计

为了提升老年人的生活自理程度，较少家庭照护负担，除了在硬件层面开展空间环境设计，配置必要的家具部品、辅具之外，还需要从软件层面考虑提供各类“适老化服务设计”，主要体现在社区服务提供、民间组织帮扶等层面。近些年来，社区养老服务呈现多样化和规范化的趋势，其中包括一些居家养老上门服务。

居家养老上门服务主要是指为居家老年人提供与日常身体机能维护、心理健康支持、环境改善相关的服务活动。主要根据老年人综合能力评估情况，为有相关需求但未建立家庭养老床位的老年人提供居家养老上门服务，主要类型包括但不限于出行、清洁、起居、卧床、饮食等生活照护以及基础照护、健康管理、康复辅助、心理支持、委托代办等服务（图4-1）。同时，居家养老上门服务包括从咨询、评估、制订方案、签订服务协议、服务准备、预约与上门、服务实施到服务回访的各个环节，形成严密和系统化的服务流程。其中，涉及服务组织（服务管理人员、服务提供人员和专业技术人员）上门至老年人

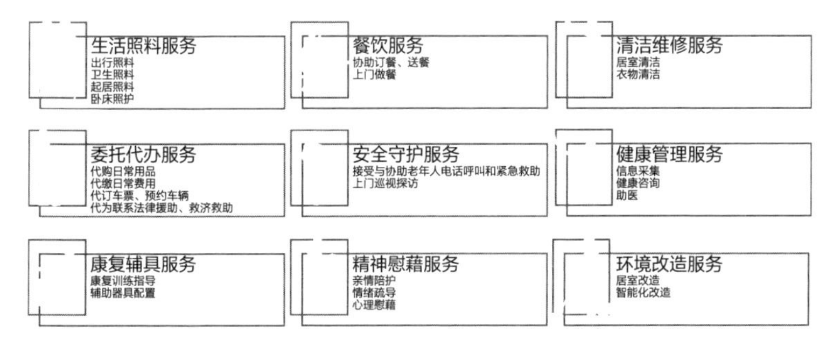

图4-1 居家养老上门服务——服务内容示意

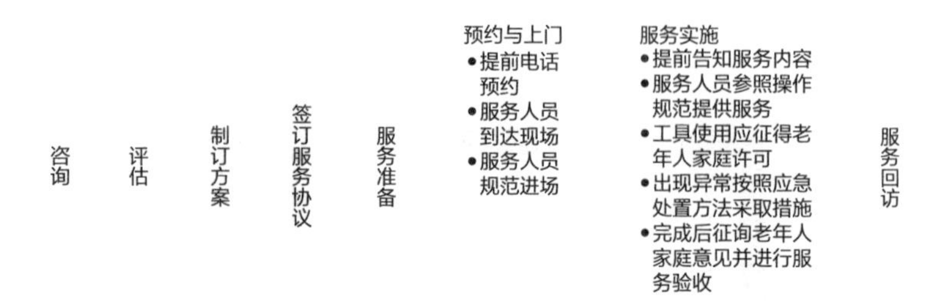

图4-2 居家养老上门服务——服务流程示意

家庭环境的服务环节，主要为预约与上门及服务实施阶段（图4-2）。

本章聚焦于服务人员上门开展居家养老服务的全过程，并以高龄、独居空巢、失能和半失能老年人的使用依赖度较高、生活空间使用需求较多的助浴服务、配餐服务和医疗服务，以及健康促进功能较为显著的园艺服务为例，针对居家养老上门服务与住宅空间的关系进行简要介绍。为了更好地将辅具、服务与空间的关系进行融合性的设计与展示，本章每小节最后以中国建筑设计研究院适老建筑实验室的环境行为与建筑技术Living Lab实验平台（2022建成）为空间原型，融合服务与辅具使用进行空间设计，展示适应老龄化社会的住宅中可能有的样子（图4-3、图4-4）。

2022年，中国建筑设计研究院适老建筑实验室以老年人健康促进、精神疗愈为核心，打造出“建筑环境适老化改造技术实验与展示平台”，为丰富老年健康环境相关基础数据、探究建筑环境与老年人行为的耦合关系、完善适老健康建筑环境技术体系，提供有力的科学支撑。本平台采用国际先进的living lab理念，将实验区划分为玄关、卧室、起居厅、餐厨区、卫生间、感官刺激实验区六大部分。是我国建筑领域首个以老年健康促进与康复疗愈为主题的跨领域科技创新平台。

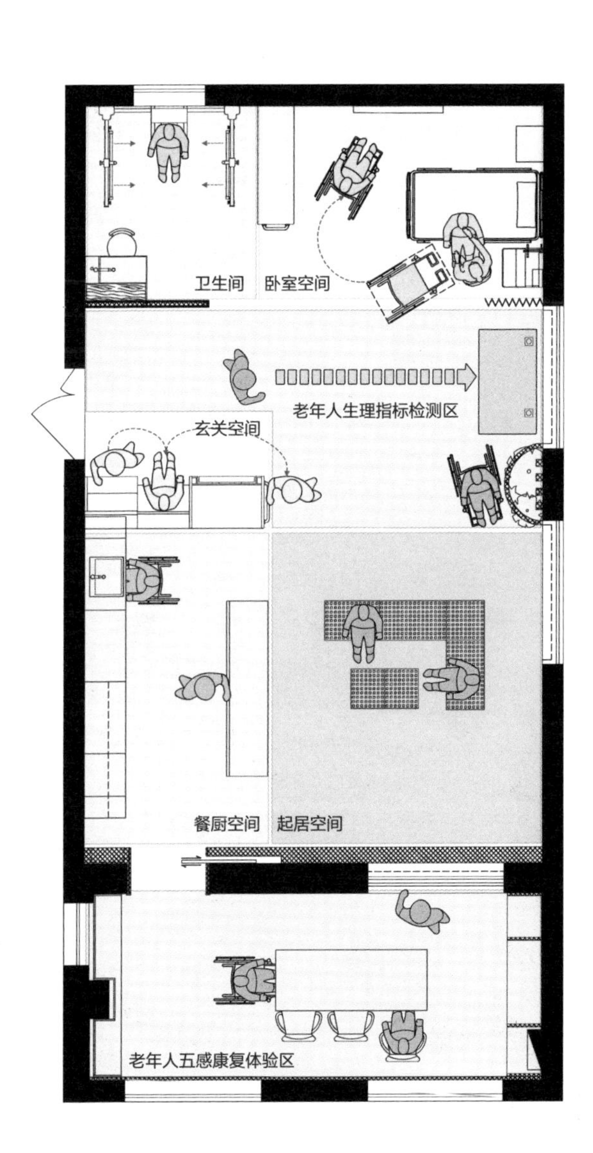

图4-3 中国建筑设计研究院适老建筑实验室的环境行为与建筑技术Living Lab实验平台平面图

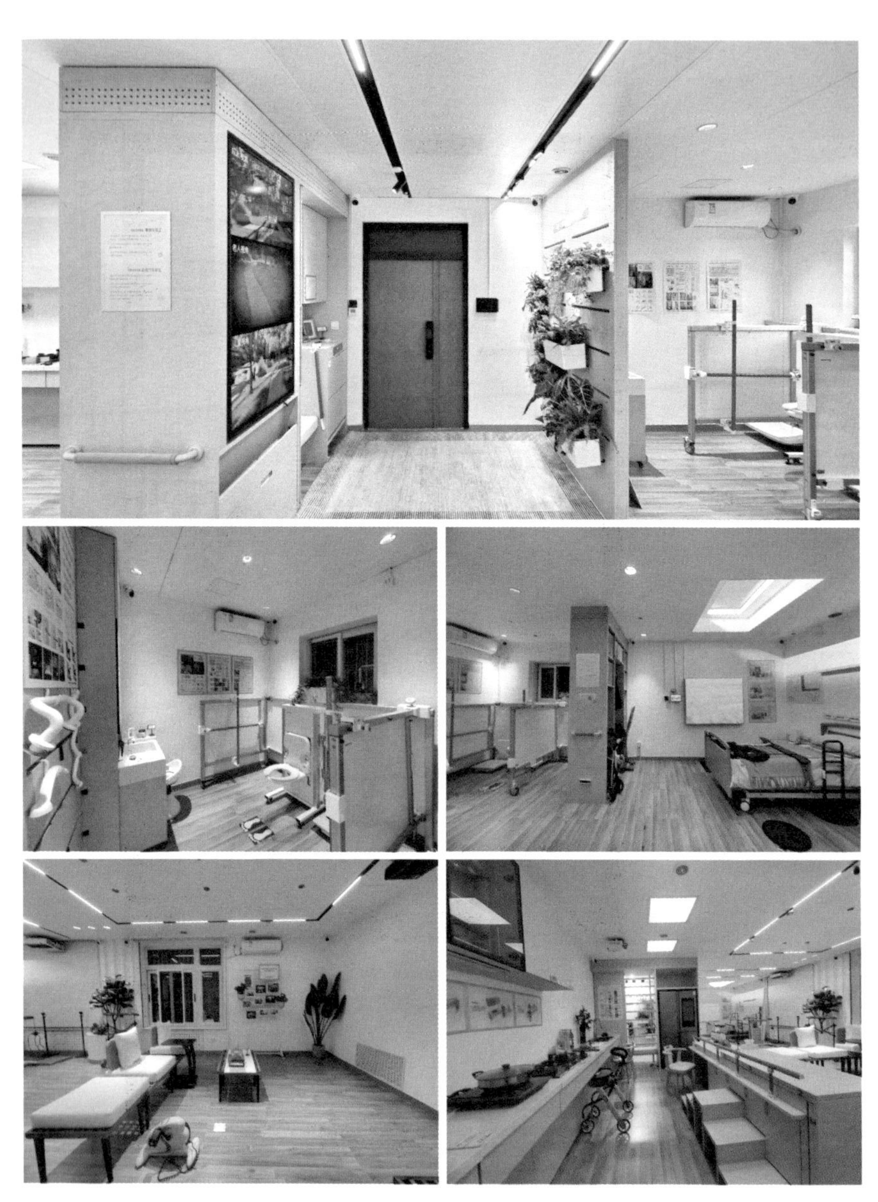

图4-4　中国建筑设计研究院适老建筑实验室的环境行为与建筑技术Living Lab实验平台实景照片

有助浴服务的洗浴空间

助浴服务的需求与发展

上门助浴服务是起源于日本的一项为老服务，老年人只需出一定费用，专业的助浴师会带着可折叠浴缸、洗浴用品等上门，为老年人提供一次全流程的服务。上海、南京、重庆等地，已经出现了这个新兴行业——上门助浴（图4-5）。

一些失能和半失能的老年人，洗澡的危险系数很高。由于缺乏自

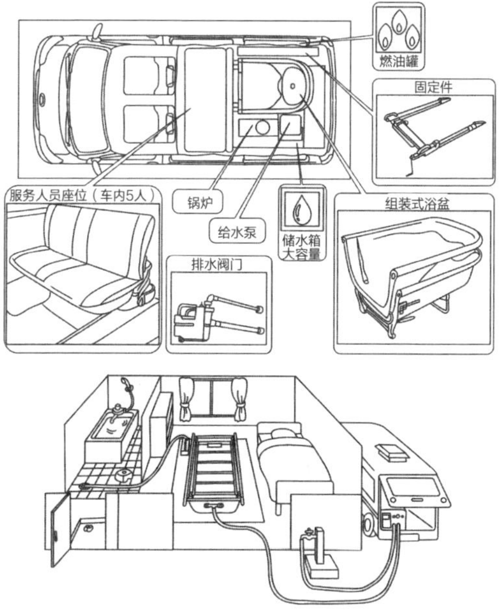

图4-5 日本上门助浴服务的设备及其在家中的设置情况

理能力，这些老年人没办法自己洗澡，只能依靠亲人帮忙，中间涉及移动、翻身等大幅度的动作，稍有不慎便会对老年人造成危险；许多失能和半失能老年人往往疾病缠身，洗澡造成的心理波动或者其他状况，容易刺激到老年人，导致意外事故的发生。正因为老年人洗澡如此艰难，愈发衬托这件“小”事的重要性。很多时候，越是一些平时轻而易举能够做到的事情，突然有一天做不到了，给老年人带来的心理落差感才更加强烈。在这种时候，干净清爽涉及的不再只是外在的卫生问题，更关乎老年人活着的尊严和体面。老年人助浴服务需求的根本也源于此。

在中国，无法自己洗澡的老年人很多。数据显示，我国60岁以上老年人口超过2.5亿，失能和半失能老年人约4200万人。这意味着至少4200万老年人没办法自己洗澡。对于老年人助浴市场的前景，有业内人士估算过：假设按照每位老年人助浴一次100元的价格、每月一次的频率，单单是面向4200万失能和半失能老年人的助浴服务，市场规模便超过500亿元。如果把60岁以上的老年人都算作助浴服务的潜在客群，背后的市场空间更是高达3000亿元。

2022年，上海上门助浴服务价格约为450元/次。每次上门助浴服务的助浴师不止一人，一般来说，包括两名女护理员和一名护士。很多老年人的子女很孝顺，唯独给老人洗澡这件事却帮不上忙。即便一家人全出动，也很难帮助一个瘫痪病人完成洗澡的动作，取而代之的是简单的擦拭。因此，几乎每个长期卧病老年人的房间都弥漫着一股让人不想靠近的味道。

尽管市场潜力巨大，但在国内，老年人助浴市场仍然是新兴领域，呈现出许多新兴市场的特点。

1. 品类空间尚小，大多为养老机构的服务延伸

老年人对助浴的需求正在显现，这是企业端入局助浴市场的直接推动力。比如，某医疗养老服务有限公司引进入户助浴项目是因为客户有需求。然而，受制于观念、价格等种种原因，真正愿意接受这一服务并为之付费的老年人，仍是少数。用户端的消费活力未被激发，决定了这一品类的市场空间尚小。一些开设助浴服务的养老机构，将老年人助浴服务作为居家养老服务的一个细分类目，定位为养老机构的服务延伸，专门聚焦助浴服务的企业寥寥无几。

2. 政府补贴为主，少数地区探索市场化发展

在具体的运作模式上，我国老年人助浴项目主要依靠政府引导。政府与专业服务机构合作，通过给予服务机构或用户一定补贴的方式，激发市场需求。

国家层面，早在2013年，国务院就在《关于加快发展养老服务业的若干意见》和《关于政府向社会力量购买服务的指导意见》中指出，在购买居家养老服务方面，主要包括为符合政府资助条件的老年人购买助餐、助浴、助洁、助急、助医、护理等上门服务。

地方层面，老年人助浴项目基本也以政府引导和补贴为主。2018年8月，郑州市财政局、郑州市民政局联合印发《关于开展老年人助餐和助浴示范点建设的通知》，对于符合条件的助浴示范点，市财政给予30万元的一次性建设补贴。南京为城乡特困人员、低保及低保边缘的老年人、百岁老人等五类服务对象中的失能、半失能老年人提供照护服务，其中半失能老年人每月补贴400元，失能老年人每月补贴700元。这些照护服务中包括每周至少1次“上门助浴、

生命体征监测和家务料理”。2020年，重庆市民政局启动“重庆市慈善总会助浴快车”项目，为失能、半失能老年人提供免费的洗浴服务。细化到不同地区，老年人助浴项目的发展又呈现出细微的不同。在一些农村和不太发达的地区，老年人助浴项目更多带有公益性质，主要由政府购买服务，再免费提供给当地有需要的老年人；而在北京、上海、江苏等养老产业较为发达的地区，探索市场化的步伐则迈得更快。一些企业已经开始直接面向个人消费者推出上门助浴服务项目。此外，南京鼓楼区也出现了自主运营的老年人助浴点。

3. 多元化助浴产品和服务模式萌芽

尽管在市场化的发展上老年人助浴还是一个新兴领域，但多元化的助浴产品和服务模式，已经开始萌芽。在产品端，适老化卫浴产品从初级的防滑地板、扶手、助浴椅，到更深层次的助浴床、全自动助浴机纷纷出现（表4-1）；服务模式上，老年人助浴点、助浴车、入户助浴，也越来越多元化。在助浴服务上，一些企业甚至开始面向不同类型的老年人，探索出更加细分的服务模式。比如某机构面向临终老人专门推出的“天使沐浴”（临终助浴）项目，让老人走得更有尊严。

助浴的服务流程

助浴是起源于日本的一项助老服务，由助浴师携带专业助浴设备，上门为有需求的老年人提供整套的助浴服务。助浴服务一般有以

表4-1 常见助浴产品与应对场景

<table>
<tr><th>序号</th><th>助浴产品</th><th>应对场景</th><th>备注</th></tr>
<tr><td>1</td><td>防滑地砖</td><td rowspan="6">居家、社区、机构</td><td rowspan="2">普遍适用于浴室</td></tr>
<tr><td>2</td><td>安全扶手</td></tr>
<tr><td>3</td><td>助浴椅</td><td rowspan="2">活力型、轻度失能老人</td></tr>
<tr><td>4</td><td>侧开门浴缸</td></tr>
<tr><td>5</td><td>助浴轮椅</td><td>轻度、中度失能老人</td></tr>
<tr><td>6</td><td>充气式浴缸</td><td rowspan="4">中度、重度失能老人</td></tr>
<tr><td>7</td><td>助浴床</td><td rowspan="3">社区、机构</td></tr>
<tr><td>8</td><td>轮椅式浴缸</td></tr>
<tr><td>9</td><td>全自动洗澡机</td></tr>
</table>

下几个步骤：首先要对老年人血压、脉搏等身体健康情况进行评估，确保其身体状况适合洗浴，在适合的情况下开始给老年人准备洗浴设备、洗浴热水。然后帮助老年人更衣，并帮其从床移动到临时洗澡设备或洗浴间，配备2~3名助浴员，保证老年人在洗浴设备中适应5~8分钟，然后开始正常的洗澡流程，搓洗身体、隐私部位及下肢并用沐浴露冲洗，接着洗头，最后擦干身体将老人移动到更衣室，穿衣并检查老年人身体情况，结束洗浴。结束之后工作人员应在排水后将沐浴工具收起来，并将卫生恢复如初。在服务结束之前，再次测量体温、血压等指标，确认正常后离开。

方便助浴服务的空间环境

图4-6：本方案针对自理老年人洗浴空间进行设计，考虑自理老年人对生活品质的需求，本设计结合阳台放置大型浴缸，老年人在泡澡之时可以在浴室看到窗外的风景，充分与室外环境融合，洗澡之时体验自然乐趣。在浴室旁结合阳台设置更衣室、休息区和晾晒区，洗浴之后方便晾晒衣服，还可以根据自身需求进行看书、品茶、听音乐等活动，不仅促进老年人的身心健康，还提升老年人生活的幸福感。

图4-6 方便自理老年人的助浴服务环境

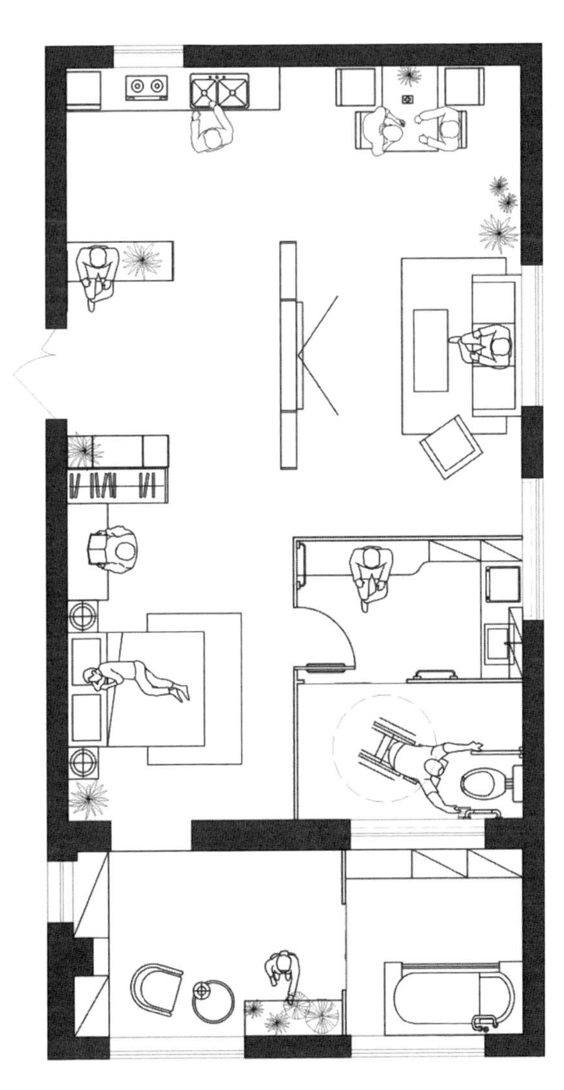

图4-6 方便自理老年人的助浴服务环境（续）

图4-7：本方案针对半自理老年人洗浴空间进行设计，半自理老年人对照护者有一定的依赖性，自身难以独立完成洗浴的全过程。本设计充分考虑洗浴空间的尺寸，满足无障碍需求，并在浴缸一侧放置可移动的助浴椅，在助浴人员的帮助下方便老年人进入到浴缸。另外在浴室内设置淋浴装置，并配有淋浴椅，根据老年人的实际需求选择洗浴方式。浴室中放置了方便移位、休息的连续坐椅，也可用于放置衣物、毛巾等物品。本方案将浴室结合外窗设计，在洗浴的过程中可与室外空间有较大程度的互动。

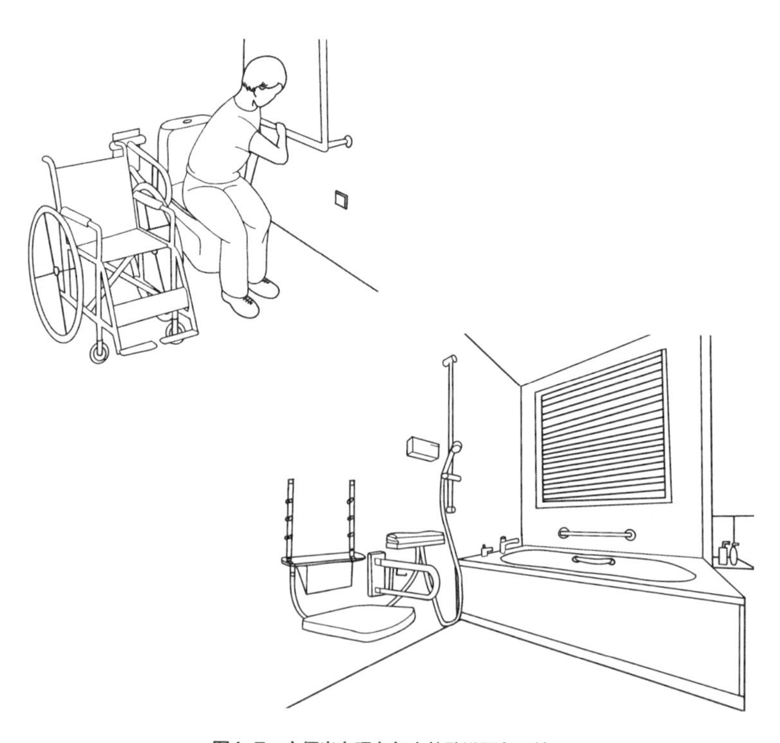

图4-7 方便半自理老年人的助浴服务环境

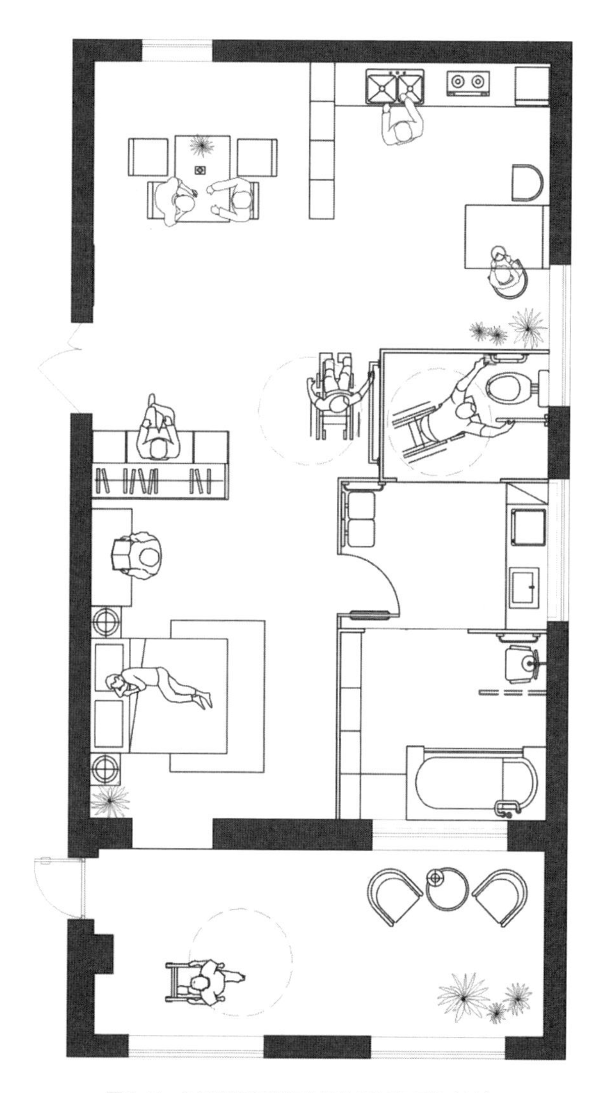

图4-7　方便半自理老年人的助浴服务环境（续）

图4-8：本方案针对失能老年人洗浴空间进行设计，失能老年人的洗浴过程完全依赖护理人员。失能老年人洗浴需要专业的洗浴床，床上设置防水床垫。也有部分护理床通过更换防水床垫进行洗浴。本设计在空间整体上结合卧室的布置，形成洗浴流线，提升失能老年人洗浴的便捷性。并结合失能老年人的身体特点和对空间的需求，在洗浴空间考虑浴室的空间尺寸和护理床的回转直径，方便洗浴过程中旋转床体方向。设计时考虑在浴室内设置淋浴装置，一方面方便老年人洗浴用水的需要，另一方面可供长期照护者使用。

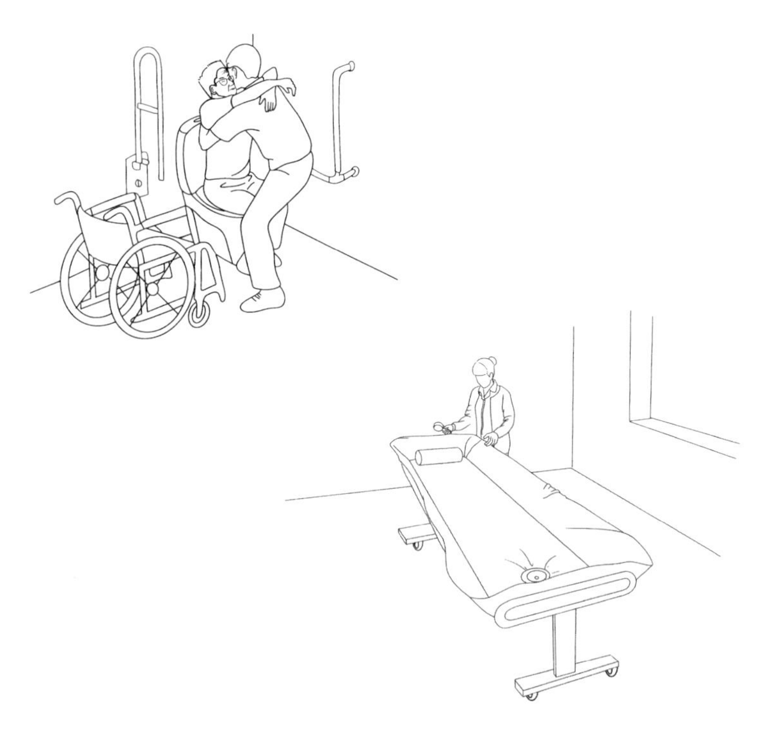

图4-8　方便失能老年人的助浴服务环境

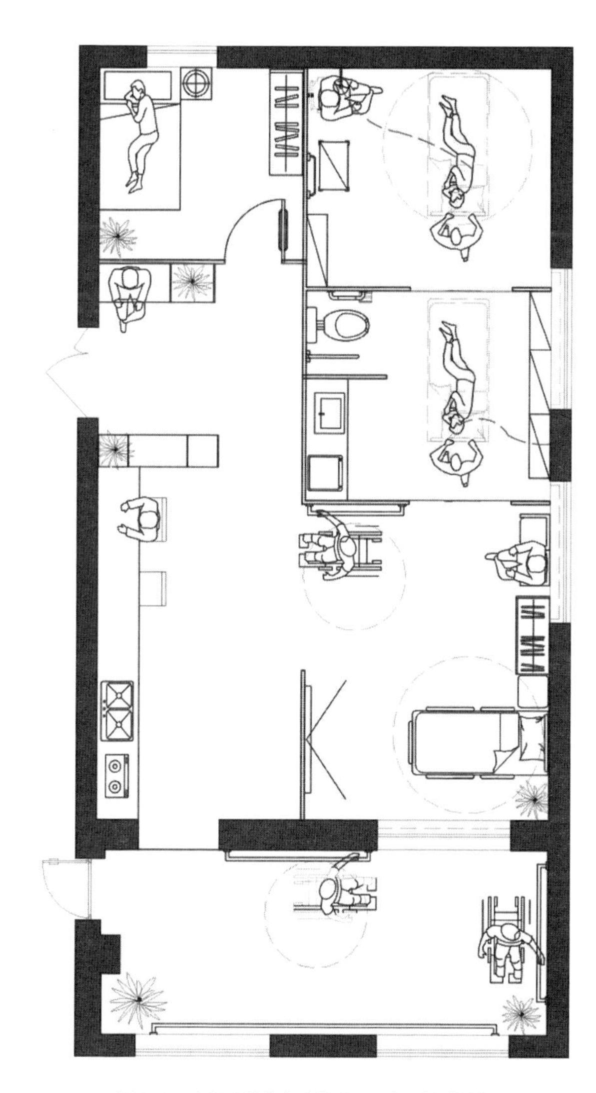

图4-8 方便失能老年人的助浴服务环境（续）

有配餐服务的餐厨空间

配餐服务的需求与发展

配餐服务主要是指将打包好的餐食送到老年人家中的服务，其服务对象是独居的老年人或只有老年人的家庭。通常这些被服务者有一些共同的特点，比如无法单独做饭、因为疾病需要限制饮食、想吃有营养的食物等。我国有句俗语："让食物成为你的药物，而不要让药物成为你的食物。"关注老年人的健康，必不可少需要关注到老年人的饮食情况、食品健康、均衡营养、按时摄入等，那么配餐服务正是一种解决精力衰退或无做饭经验的老年人就餐问题的有效方法。普华永道中国对我国老年市场的预测数据显示，到2025年，我国老年日常消费市场规模达到5.29万亿元，其中老年食品餐饮市场规模到2025年可达到2.88万亿元，2025年我国老年餐饮行业收入亦达到1.42万亿元，因此，我国居家养老餐饮服务业拥有着庞大的市场。在中国市场，个性化、定制化的老年餐饮配送还处于初级阶段。由于地域饮食特色鲜明，基础物流、餐饮市场发达，中国的老年配餐仍有巨大的发展空间。频次高、需求旺的老年人上门配餐服务市场是一片新型领域。

日本的配餐服务以人性化服务为理念，已经发展得非常先进。他们使用食疗辅助不同慢性病的老人，不仅对他们所需营养要素和用量非常严苛，甚至将其分为普通版餐食、软性膳食、切成小块的饭菜及搅拌、黏稠膳食。

北京市于2022年3月印发了《关于提升北京市养老助餐服务管理水平的实施意见》，其中在养老送餐上门服务要求中提出，送餐时首先要求使用无毒、清洁、环保的食品容器、餐具和包装材料，包装好食品，避免送餐人员直接接触食品，确保送餐过程食品不受污染；禁止重复使用一次性餐具；送餐人员应当保持个人卫生。

在我国，配餐服务建立在老年餐饮的基础之上，政府以及市场正在积极探索。

1. 政策补贴下的老年人配餐模式

广州出台《社区居家养老服务改革创新试点方案》《开展长者助餐配餐服务指引》等文件，要求在市中心城区步行10~15min范围、外围城区20~25min范围建设助餐配餐服务网络。浙江发布的《居家老年人送餐服务规范》则是对居家老年人送餐服务场所、送餐服务机构、送餐设备、配送服务以及评价与改进等方面做了进一步规范。要求送餐服务机构建立老年人健康档案、送餐服务记录、食品留样管理档案等送餐服务档案并进行动态更新，建议应用数字化手段向老年人及其家属展示餐饮食品种类、加工员和送餐员信息、送餐日期和时间等。上海市普陀区探索的“舌尖养老”，旨在打造老年人的专属外卖。子女可通过一网通办实名认证，与家中老年人进行信息绑定，在进入相关页面后，可以为老年人进行线上餐食预定，升级后的功能就类似于点外卖。

2. 社会层面的老年人配餐服务

北京市民政局会同多个部门出台了《关于进一步加强老年人助餐配餐服务工作的意见》，首次明确了老年餐集中配送中心“1+X”、养老服务机构助餐配餐、社会餐饮企业参与助餐配餐三种服务模式，突破了原有老年食堂概念，从更高层面、多元化视角来构建全市老年人助餐服务体系。当前市场层面的送餐模式以互联网平台送餐模式为主。上海市民政局发布了《关于提升本市老年助餐服务水平的实施意见》，其中明确鼓励互联网生活服务平台和市场化物流公司等物流配送企业，在兼顾成本的同时，可通过公益价格体现企业社会责任，提供送餐服务。据了解，某外卖平台已经在北京、广州、天津、杭州、上海、深圳等多个城市，联合当地政府、养老驿站、长者餐厅等开始养老送餐服务，每天有近万名老年人通过某外卖平台享受到更便捷、营养的养老餐。外卖平台涉足老年助餐配餐，无疑具有独特的平台优势和配送网络优势。

然而，目前的老年配餐服务流程仅停留在送餐上门，后续的上门加工、清理、服务跟进等内容仍有缺失。

配餐服务的流程

一般配餐上门服务的流程为：

（1）**预订**：对配餐上门服务进行预订，并在相关服务表上签字确定服务。可以通过电话、短信、电子邮件等方式，提供服务的时间、地点、人数和需求等信息，以便服务人员能够准备所需的食材及工具。

（2）**协商**：与服务人员协商菜单、口味、食材来源等细节，包含对特殊食材和饮食限制的需求。

（3）**上门服务**：服务人员拎餐上门，放置买好的食材或做好的餐食。根据实际情况，确认是否需要将餐食放进冰箱，或进行加热、冲调等二次加工，或需要服务人员在家中进行烹饪制作等活动。

（4）**清理**：在享用美食后，服务人员将对餐厨空间进行台面清理、地面清洁打扫，并带走残余垃圾。

（5）**结束工作**：服务人员离开前可请服务对象检查餐厨环境和配套设施。

（6）**服务跟进**：服务对象可对服务人员进行评估，改进服务质量，以保证接下来的配餐服务流程顺利进行。

方便配餐服务的餐厨空间

自理老年人身体较为健康，虽然有一些慢性疾病，但日常活动较为流畅，可以自主完成每日的餐食活动。但是，老年人随着年龄的增长特别容易营养不良，许多营养素和食物组的摄入量趋于减少。为了维持老年人的身体健康，或避免出现营养不均衡的情况，就可以在平日里请营养学、科学饮食等方面的专业人士与餐饮服务人员进行合作，对老年人进行厨艺教育或营养培训。这样，老年人既可以改善自己习惯的单一饮食情况，又能学到健康摄入营养的方法。

那么在这种情况下，偏向于将餐厨空间进行一体化的设计，将客厅、餐厅、厨房三个空间打通，提升空间通透性，扩大公共空间的范围，方便多人来家进行活动。岛台餐桌一体可以使厨房与餐厅的空间较为紧密，可以使烹饪食物的教学者与学习者沟通更加方便，最大程度地将餐厨区域的空间充分利用（图4-9）。

半自理老年人日常生活行为普遍缓慢或稍显困难，通常需借助助行器或轮椅等辅具，依赖扶手等设施，其省力、助力的需求增加，对空间面积的需求度和流线的通畅度也较高，同时尽可能支持老人自己做饭。在这种情况下，配餐服务人员就可以进行食材配送。配送服务人员可以让消费者选择一次购买当日或多日食材，冷藏冷冻保存，按需食用；也可以有专业人士为不同客户进行搭配，因为部分老人有糖尿病、肾病、高血压等慢性疾病，可以采取食疗来调整配送食材的方案。

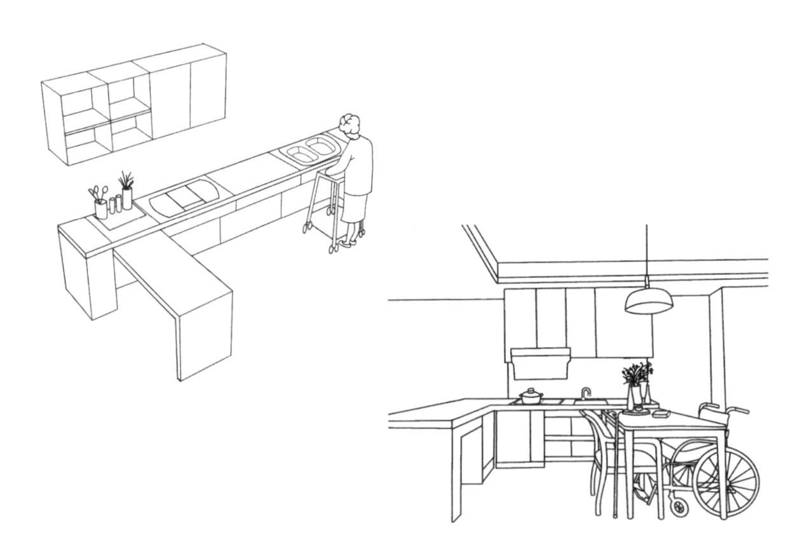

图4-9　方便自理老年人的配餐服务环境

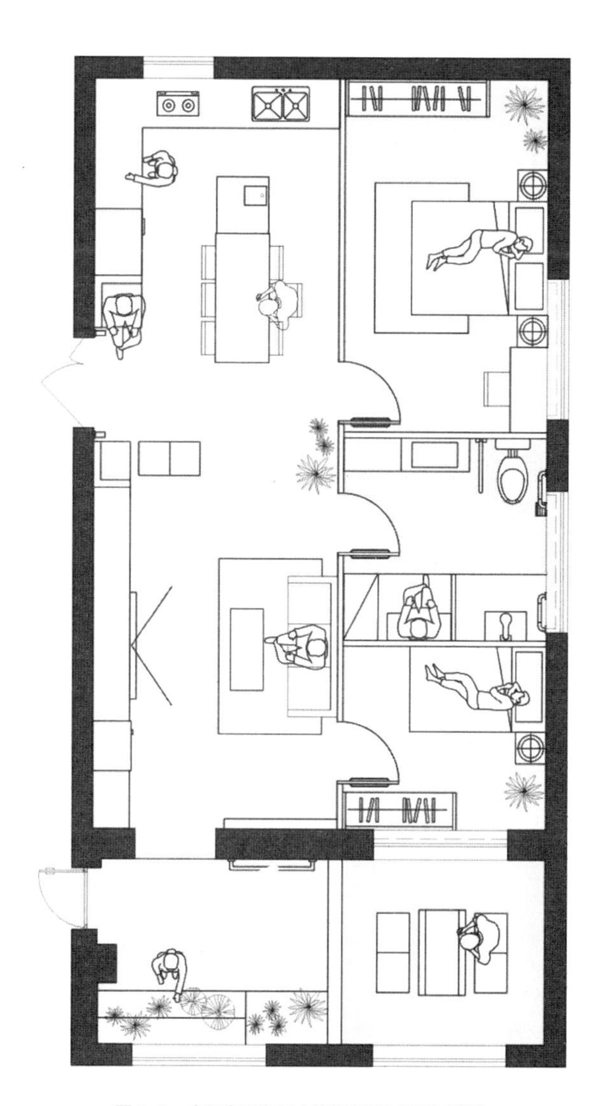

图4-9　方便自理老年人的配餐服务环境（续）

老年人在厨房的操作动线一般为：取菜—择菜—洗菜—切菜—炒菜—端出。那么根据半自理老年人的具体情况，宜优先选用L形厨房或U形厨房，这两种布局更适合使用轮椅的老年人，且操作台面长而连续，便于轮椅出入和推移物品；空间利用率较高，增加了厨房的收纳空间，有助于厨房的整洁。其次，玄关半封闭设计，与室内隔开，保护隐私，配餐人员配送食材时，可将食材放在玄关空间（图4-10）。

失能老年人日常生活行为基本无法自主完成，非常依赖他人，对对照护者需求度高。因此，失能老年人家庭对厨房的使用需求相对来说较低，餐厨的需求多以制作简餐，家人团聚、聚会为主，本人对操作的需求降低。那么，此类人群的配餐服务方式，多为营养师确认好

图4-10　方便半自理老年人的配餐服务环境

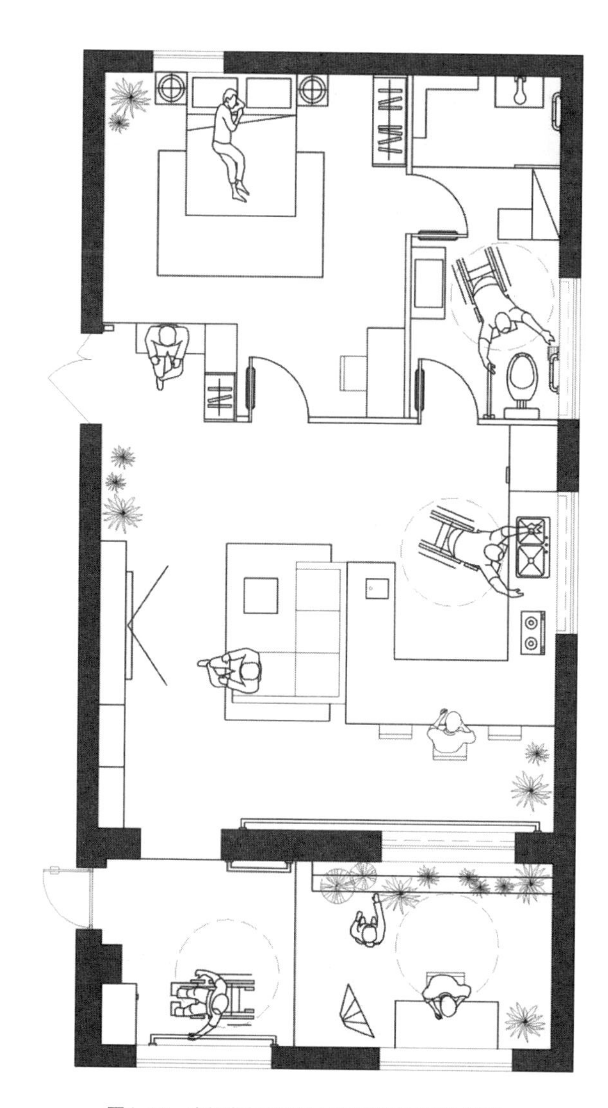

图4-10　方便半自理老年人的配餐服务环境（续）

餐食的含盐量、卡路里、食材数量等，再由配送人员将已经做好的食物打包或冷藏，配送到使用者的家里。老年人可根据自身情况选择时间来吃，可通过微波炉加热等简单的操作完成食物加工。餐盒尽量选择纸质的环保材质，方便回收，对老年人身体也友好。其次，如果选择吃新鲜现做的饭菜，照护者每天烹饪具有食疗作用的饭菜是非常困难的，尤其是在面临如需控制血糖的糖尿病患者、有蛋白质和其他限制的肾病患者或透析患者、有盐限制的高血压或心脏病患者等，那么配餐人员就可以选择根据老年人需求带好食材、半成品及工具，在老年人家庭厨房制作餐食。

根据以上内容对配餐服务环境进行设计的时候，因失能老年人基本无法自用厨房，主要是照护者使用，那么为方便照护者在厨房工作，厨房应该开放，尽量通达。厨房的设备配置不能因此减少，甚至要更加全面，冰箱要有足够空间装下餐食，台面配有加热和冲调的设备，同时配备一个小型移动餐桌，在玄关门口附近放置厨余处理的垃圾桶，方便服务人员进出清理。屋内整体空间都需宽敞通达，保证1.5 m宽的回转空间（图4-11）。

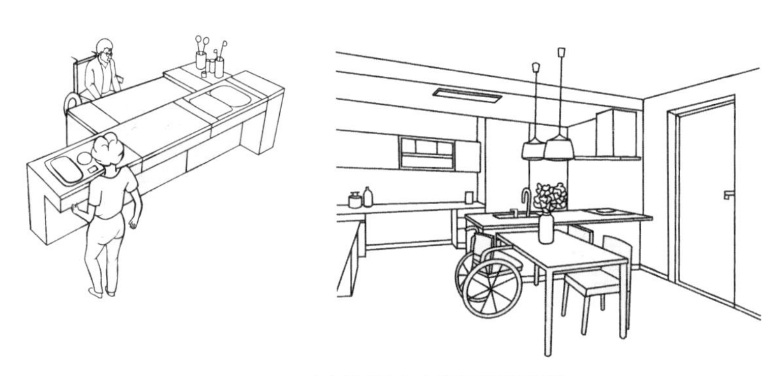

图4-11　方便失能老年人的配餐服务环境

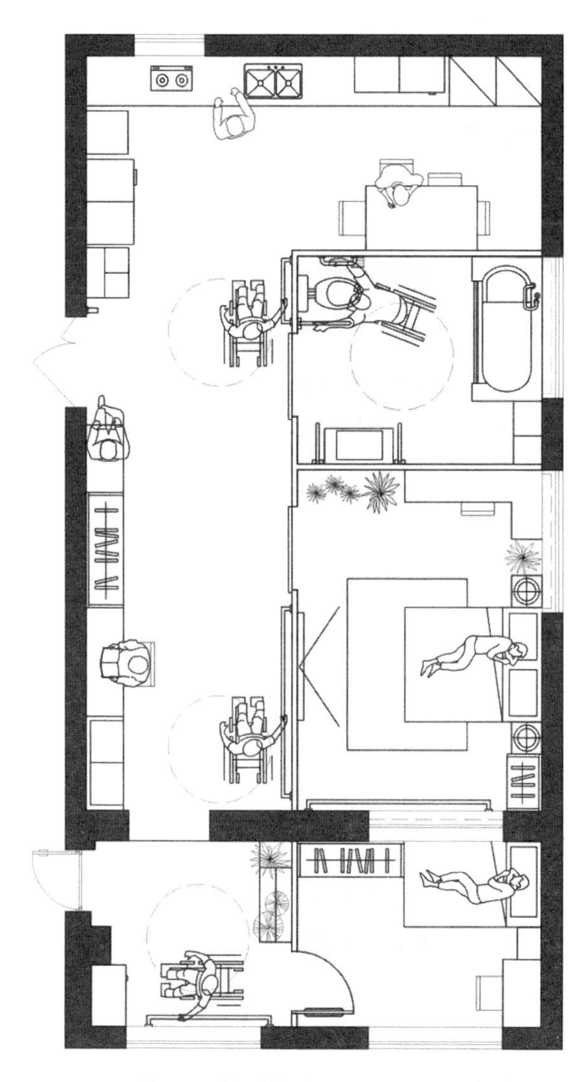

图4-11　方便失能老年人的配餐服务环境（续）

支持医疗的居室空间

居家医疗服务发展与需求

家是最舒服的病房，很多患者希望自己能在一个舒适、熟悉的环境里走完最后一程。居家医疗指医护人员向患者日常居住场所提供的各类访问医疗服务。居家医疗古已有之，在近代以前，无论东西各国，患者的家庭向来都是问诊治病的主要场所。例如，在19世纪的英国，生活富裕之家通常都会请医生上门诊治，而当时的医院多被视作收容贫困患者的福利设施。后来随着医疗技术的快速进步，大约在20世纪初，各类医院逐渐占据了世界医疗的主流。医院可以容纳先进的医疗设备，具备开展手术、提供24h护理服务的条件，而这些优势是家庭医疗难以企及的。不过，近年来在一些发达国家，为了削减医疗支出，同时伴随疾病的“治疗”向“护理”理念的转变，居家医疗越来越受到关注。日本在1992年通过的《医疗法》（第2次修订）中就正式明确了居家医疗的法律地位，以此为契机，居家医疗取得了快速发展。

我国的“家庭病床”制度，起源于20世纪50年代的天津，1984年上半年全国建立了20余万张家庭病床，在1984 年底，卫生部发布了《家庭病床暂行工作条例》（2010年失效），条例中对家庭病床的任务、收治范围、组织、器械、收费等进行了全面规定。但后来由于多种原因，很多地方陆续取消了这种服务模式。近年来，随着人口老龄化的到来和疾病谱的变化，家庭病床服务又逐渐被重视，卫生部的多个文件中提到支持家庭病床的发展。上海、深圳、四川、浙江等地也发布了家庭病床管理条例，将家庭病床服务纳入规范化管理。北京在梳理总结2020年西城区、朝阳区、海淀区试点经验的基础上，于2021年正式发布《北京市养老家庭照护床位建设管理办法（试行）》（京民养老发〔2021〕47号），推进老年人家庭照护床位服务（图4-12）。

1994年	《医疗机构设置规划指导原则》	大力发展中间性医疗服务和设施（包括医院内康复医学科、社区康复、家庭病床、护理站、护理院、老年病和慢性病医疗机构等）
2006年	《城市社区卫生服务机构管理办法（试行）》	社区卫生服务机构提供以下基本医疗服务：家庭出诊、家庭护理、家庭病床等家庭医疗服务
2015年	《国务院办公厅关于推进分级诊疗制度建设的指导意见》	构建医疗卫生机构分工协作机制，基层医疗卫生机构可以与二级以上医院、慢性病医疗机构等协同，为慢性病、老年病等患者提供老年护理、家庭护理、社区护理、互助护理、家庭病床、医疗康复等服务
2016年	《国家卫生计生委办公厅关于印发医养结合重点任务分工方案的通知》	鼓励为社区高龄、重病、失能、部分失能以及计划生育特殊家庭等行动不便或确有困难的老年人，提供定期体检、上门巡诊、家庭病床、社区护理、健康管理等基本服务
2017年	《关于做实做好2017年家庭医生签约服务工作的通知》	各地要结合本地实际情况，设计针对不同人群多层次、多类型的个性化签约服务包，包括健康评估、康复指导、家庭病床服务、家庭护理、远程健康监测以及特定人群和特殊疾病健康管理等服务,满足居民多样化的健康服务需求
2018年	《关于进一步做好分级诊疗制度建设有关重点工作的通知》	探索基层医疗卫生机构与老年医疗照护、家庭病床、居家护理等相结合的服务模式

图4-12 “家庭病床”制度的演变

目前，上海是国内每年建立家庭病床最多的城市。2018年全市约提供家庭病床7.2万张，其中新建床约5.4万张，约有8400多名医务人员参与家庭病床服务。家庭病床患者以60岁以上老年患者为主，占到总数的95%，其中80岁以上高龄老人占50%。患病类型以心血管疾病和脑血管疾病为主（分别占60%、23%）（图4-13）。

根据国家卫生健康委员会《关于加强老年人居家医疗服务工作的通知》（国卫办医发〔2020〕24号）对增加居家医疗卫生服务供给的内容（包含对居家行动不便的高龄或失能老年人，慢性病、疾病康复期或终末期、出院后仍需医疗服务的老年患者提供诊疗服务、医疗护理、康复治疗、药学服务、安宁疗护），以及各地对于家庭病床的

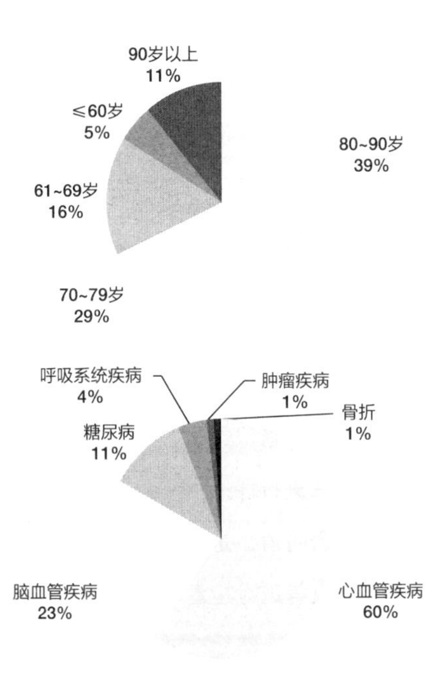

图4-13 “家庭病床”服务对象统计

定义（家庭病床服务是以家庭为场所，对适宜在家庭环境下进行治疗、康复、护理的某些病情已趋稳定且需要连续治疗的患者，在其家中就地建立病床，由基层医疗卫生机构，包括社区卫生服务中心、乡镇卫生院，提供定期检查、治疗、康复、护理的一种社区卫生服务形式），总结服务需求如下：

（1）**医疗护理需求**：吸氧、口腔护理、鼻饲、打针输液、人工造口的护理等需求。

（2）**康复治疗需求**：对于卒中、骨关节疾病有居家康复指导、手法治疗、理疗等需求。

（3）**安宁疗护需求**：缓解疼痛、临终告别。

医疗服务流程

上门医疗是由医护人员携带专业医疗设备，上门为有需求的老年人提供医疗服务。上门医疗服务一般有以下几个流程：在上门前需要电话预约护理时间或视频问诊，医护人员根据老年人病情合理安排所需设备和医疗物品，一般需携带血压计、血糖仪、试纸、针头、消毒液、棉棒、医疗垃圾袋、患者记录表、评估单、收费标准等。在入户之后对居室的环境和病情进行评估，比如居室的温度、湿度、通风换气、地面、浴室地面是否防滑，是否有防跌倒措施等；对病人头部、口腔、四肢、用药、饮食等进行检查，随后对老人进行血压或血糖及其他生命体征的测量并记录。然后根据患者需求进行其他操作，操作后预约下次上门时间并接受居民及其陪护人员对服务情况监督。

支持医疗服务的居室空间

自理老年人在居家医疗方面的需求主要为健康监测、疾病预防与控制、心理健康维护等，因此在入口区域附近设置了可供医护服务人员上门进行简单问询、测量血压等的私密空间，该空间亦放置了家庭医疗器械。同时，考虑自理老年人的心理健康，在空间中设置了促进交流交往的大餐厅空间，满足老年人与家人或朋友共同聚会、就餐、娱乐等需求，提升老年人的参与感、社会认同感（图4-14）。

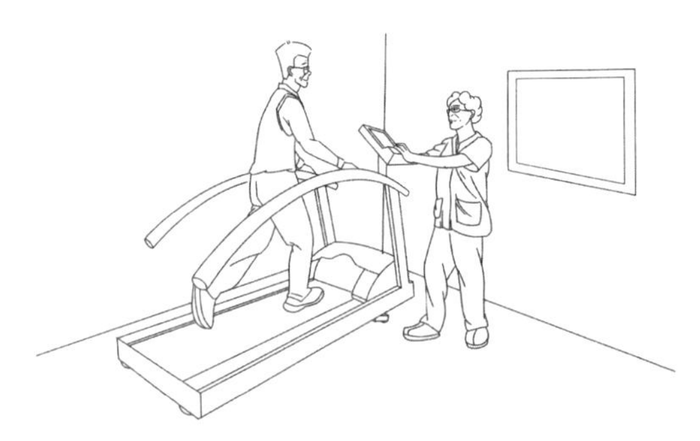

图4-14　方便自理老年人的医疗服务环境

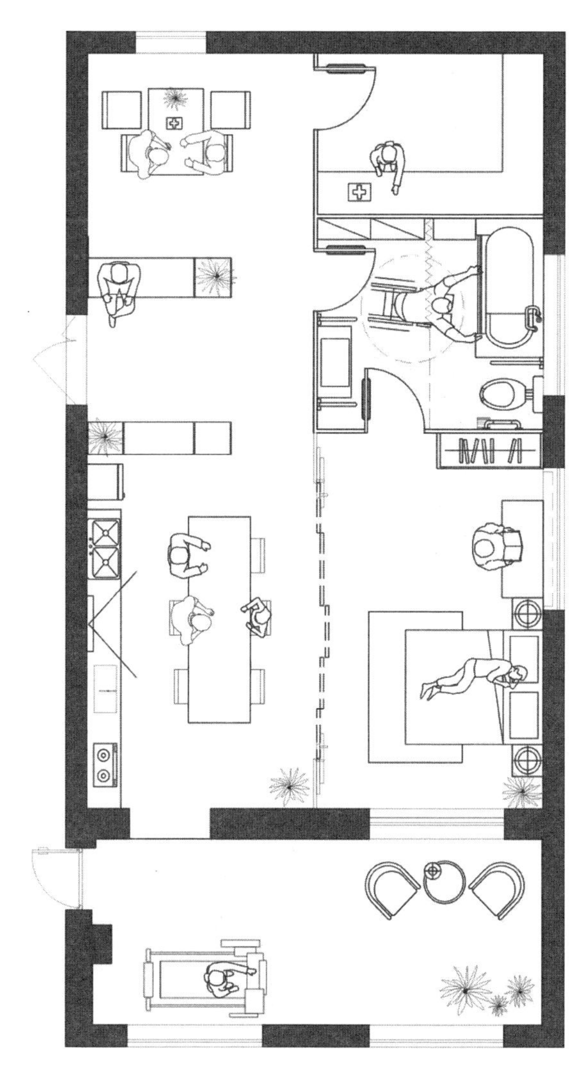

图4-14 方便自理老年人的医疗服务环境（续）

半自理老年人在身体活动上存在一定的障碍，对上门医护和入户康复的需求较高，考虑其身体状况，把玄关做成宽敞的康复医护区域，在满足无障碍尺寸要求的同时，半自理老年人可在该区域通过医护人员的帮助进行康复活动、医疗问诊和健康监测。另外，结合阳台空间放置助行等康复器械，并在阳台上设计绿植，促进老人和室外环境的交流，进行身心疗愈（图4-15）。

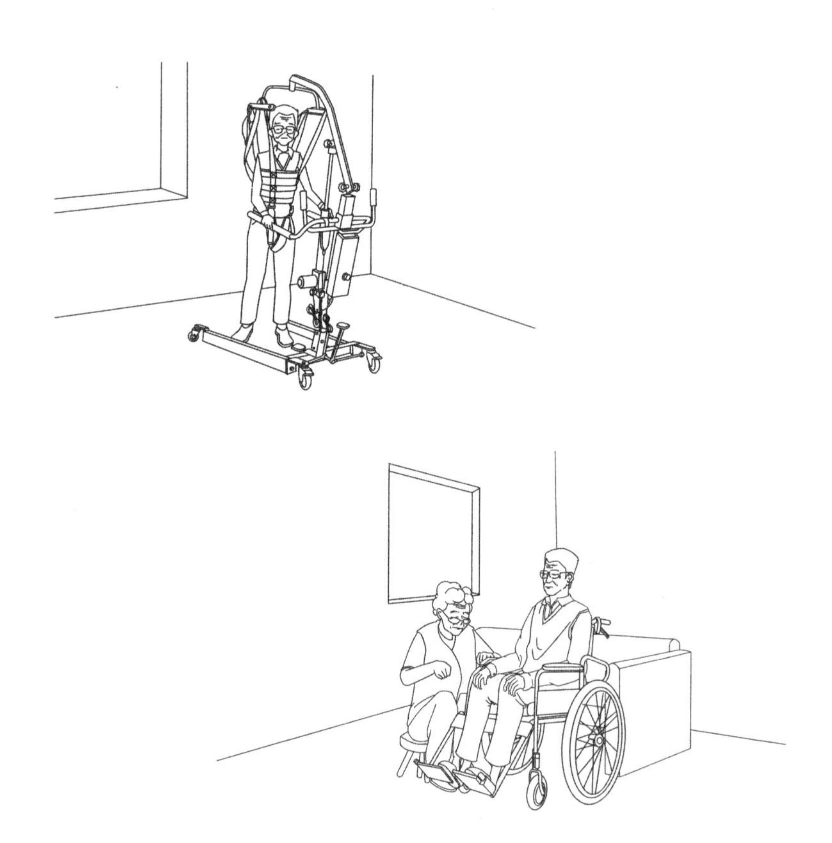

图4–15　方便半自理老年人的医疗服务环境

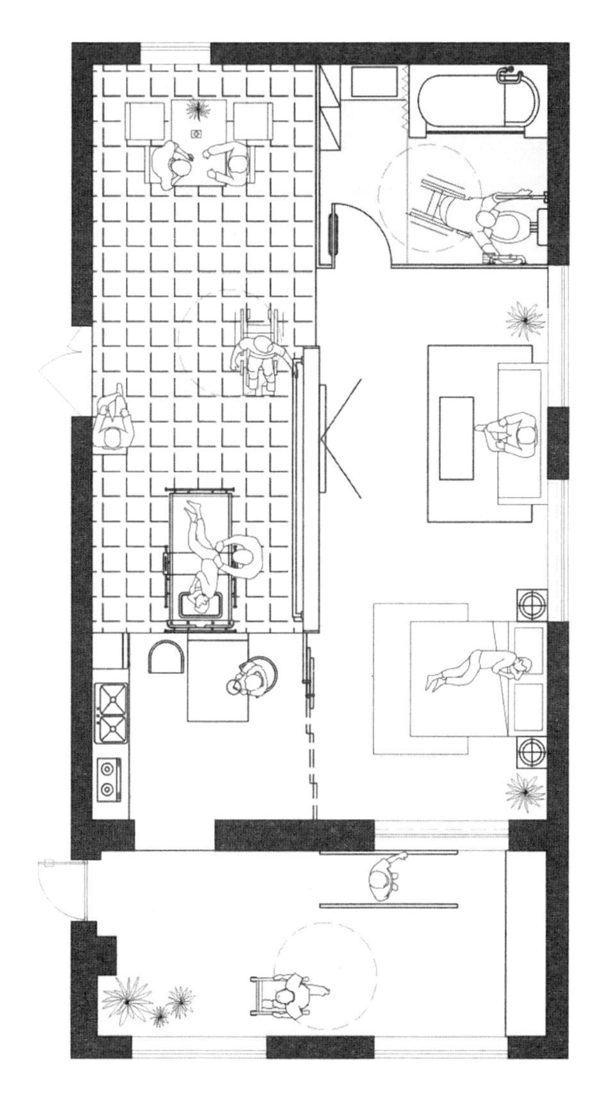

图4-15　方便半自理老年人的医疗服务环境（续）

由于失能老年人日常生活几乎完全依赖医护人员，所以空间设计以老年人的生活起居空间为核心，形成睡觉—吃饭—厕所—洗浴的生活动线，并且充分考虑护理床回转半径，满足失能老年人在接受医疗服务时，放置医疗设备、医生诊疗、医护人员护理等空间需求。该方案结合阳台设计康复空间，帮助只能使用轮椅的失能老年人起坐并在阳台空间进行简单的康复锻炼，同时和阳台绿植、室外自然空间进行互动，促进失能老年人心理健康（图4-16）。

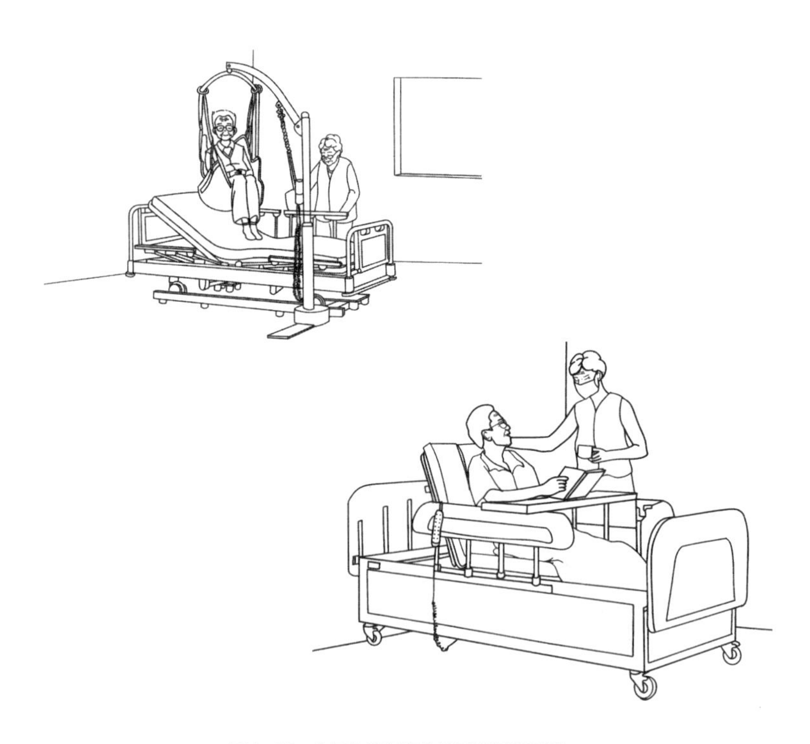

图4-16　方便失能老年人的医疗服务环境

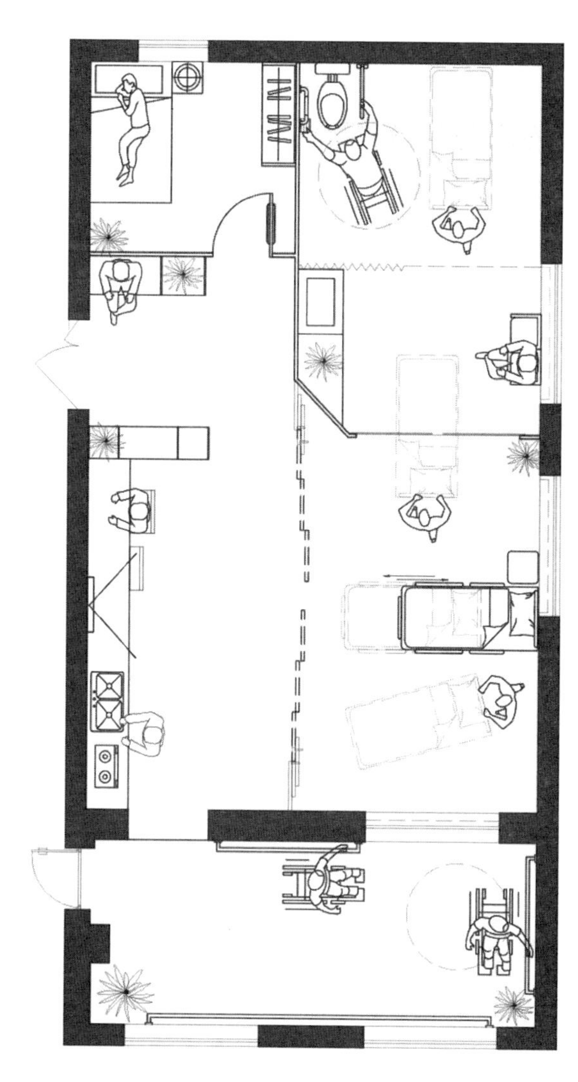

图4-16 方便失能老年人的医疗服务环境（续）

有园艺服务的花园空间

老年人居家园艺服务的需求

近些年来我国家庭园艺市场发展迅速，市场需求覆盖全龄，居家环境中的花园空间成为人们与自然及家人之间互动的重要场景。同时老年人因其行动能力衰退，在居家环境中的时间更久，有条件投入更多的时间在家庭园艺活动中，获得生理、心理、社交等多个维度的健康效益。

当前我国居家园艺入门服务的获取已经非常便利，借助各大电商平台，植物材料、园艺工具的采购非常方便，人们也可以通过网络平台获取植物栽培养护的相关知识。但世界上的植物种类有数十万种，植物的培育需要长期和持续的关注。对于非专业的人们来说，植物的栽培与养护仍旧是一项充满挑战的任务，对于老年人来说，还面临一些体力活动的上限。

结合老年人园艺活动与植物的生长需求，居家园艺服务的需求可以归纳为如下几个方面：

1. 植物配送服务

我国现有居家园艺产品主要类型包括绿植盆栽、植物繁殖体（种子、种球）、培养基质、容器、工具、灯具、浇灌设施等，其中活体盆栽的配送难度最大，运输过程中的保鲜、防磕碰等问题一直是限制当前居家园艺配送服务快速发展的难题。但随着人民生活质量的提升，越来越多的城市居民意识到植物带来的健康效益，居家植物需求不断增长。同时，我国城市居民普遍的居室环境相对局促，对于植物生长来说条件有限，养护不当非常容易造成植物的死亡，因此定期更新的植物配送服务亟待发展。

2. 植物栽培养护的技术服务

植物的培养养护入门门槛很低，即便没有任何专业知识背景，通过简单的浇水，就可以养活很多生态适应性强的植物。但是能做到养活、养好各类不同观赏特性的植物，则需要广泛的植物学知识积累，以及长时间的技艺磨炼。家庭园艺潜在的栽培养护技术支持主要包括植物开花诱导、植物生长不良的营养改善、植物病虫害管理、整形修剪等方面。这部分技术服务既可以通过远程指导的方式，为用户提供技术方案，由用户个人完成；也可以通过上门服务的方式，完成现场作业指导，尤其是家中有庭院环境或是有大型植物，其栽培养护需要借助专业工具、材料的，上门服务就显得尤为必要。

3. 空间改造服务

植物的生长需要阳光、水分、流动的空气、适宜的温度、适当的土壤或基质，我国当前的住宅鲜有配套花园空间，在打造居家花园时，为了更方便地欣赏与管理花园，可以进行一些必要的空间改造。比如在原有的阳台、居室进行相应的改造工程，调整空间功能布局，增加植物栽植、物资收纳等功能，搭建一些供植物攀缘的结构骨架，增加供水，改善采光或进行人工照明补充等。

4. 相关劳务服务

适当的园艺劳动有益健康，但是对于体力受限的老年人和繁忙的家庭年轻成员，诸如庭院修剪、除草、翻土、盆栽换盆换土等劳作是一种负担，就近获取优质的劳务服务，是人们享受植物带来健康效益同时的附加需求。

方便园艺服务的花园空间

首先，花园材料从运输车至家门的最后50m直接与住宅空间相关，平坦的运输路径、宽敞的电梯厅都会更加方便园艺产品的安全运达。

历经一路的颠簸（图4-17），当花园材料进入家门后，首先需要完成拆装的动作，这时需要一个足够宽敞的空间，最好是台面，可以满足长时间的坐姿操作。植物类产品通常商家会进行妥善地包装，减少土坨的散落，但不可避免会有少量的松动，容易污损台面。因此一个足够宽敞、容易清洁的台面是物资中转空间必不可少的要素（图4-18）。

便于清洁的操作台面不止服务于材料运达的瞬间，更是开展一系列园艺疗愈活动的基础，比如播种、间苗、沤肥、组合盆栽、压花等。配合可以方便移动的座椅，能够满足开展各类居家园艺疗愈活动。为了方便2人以上开展有交流的园艺疗愈活动，台面面积宜达到$0.8m^2$以上，短边宽度不宜小于35cm。操作台边通行的宽度不宜小于80cm。有条件的情况下，园艺操作台面宜与餐桌分开，盆景制作

图4-17　植物产品配送服务

图4-18　植物包装拆装示意

爱好者可以选用可360度旋转的操作台，便于修剪造型（图4-19~图4-21）。

本书“3.5园艺与康复（园艺疗法）”一节已经叙述了不同场景下的园艺疗愈空间，简而言之，当考虑引入园艺服务时，空间的尺度宜适当放大，便于拆箱中转、技术指导、维修管理等一系列服务动作的开展。

不同身体状况的老年人对于园艺服务的需求也不同，需要定制化的室内空间，由园艺专业的导师和社工为其设计有针对性的园艺活动。

图4-19 开展一系列园艺疗愈活动（一）

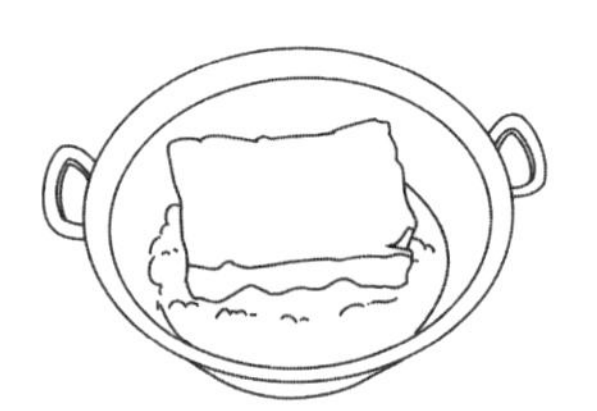

图4-20 开展一系列园艺疗愈活动（二）

图4-21 开展一系列园艺疗愈活动（三）

慢性病可自理老年人，该人群身体状况较好，可提供充足的园艺操作空间，鼓励其通过视觉、嗅觉以及触觉三个方面感知自然，长期深入互动，因此房间内增加了可小面积种植的区域，包括餐桌旁的种植池、衣柜旁的落地大型盆栽，以及阳台上的园艺操作台等。老年人可自主播种、替换盆栽、分株、采集种子、修剪枝叶、除杂草、采摘果实等。植物由居住者和探望者长期共同养护，因此种植区域应考虑光照条件，在必要的区域进行补光，采用具有康复功能的植物的同时，建议自主选择能适应当地气候条件和房屋朝向的植物品种，充分确保植物能保持良好的生长情况（图4-22）。

图4-22 方便自理老年人的居家园艺服务环境

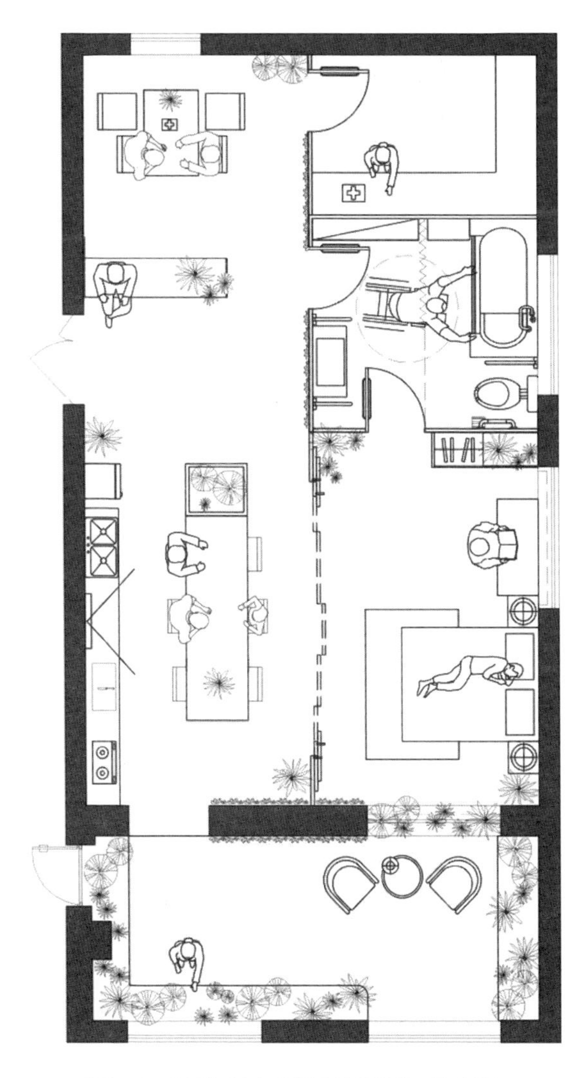

图4-22　方便自理老年人的居家园艺服务环境（续）

疑似认知障碍症、独居、行动不便的居家康复半自理老年人可通过园艺活动加强手部和腿部的训练，在视觉和嗅觉感知的基础上增加触觉感知。为同时满足医护人员长期上门诊断治疗的需求，和居住者的隐私需求，房间被分为对外接待区和私密生活区。对外接待区以服务人员养护的垂直绿化为主，方便轮椅和病床通行，同时提升医护人员的工作体验；私密生活区则增加园艺操作空间，鼓励老年人自主选择园艺疗法。除了社工和专业导师以外，还需要义工来协助服务对象定期完成一些园艺操作（图4-23）。

图4-23　方便半自理老年人的居家园艺服务环境

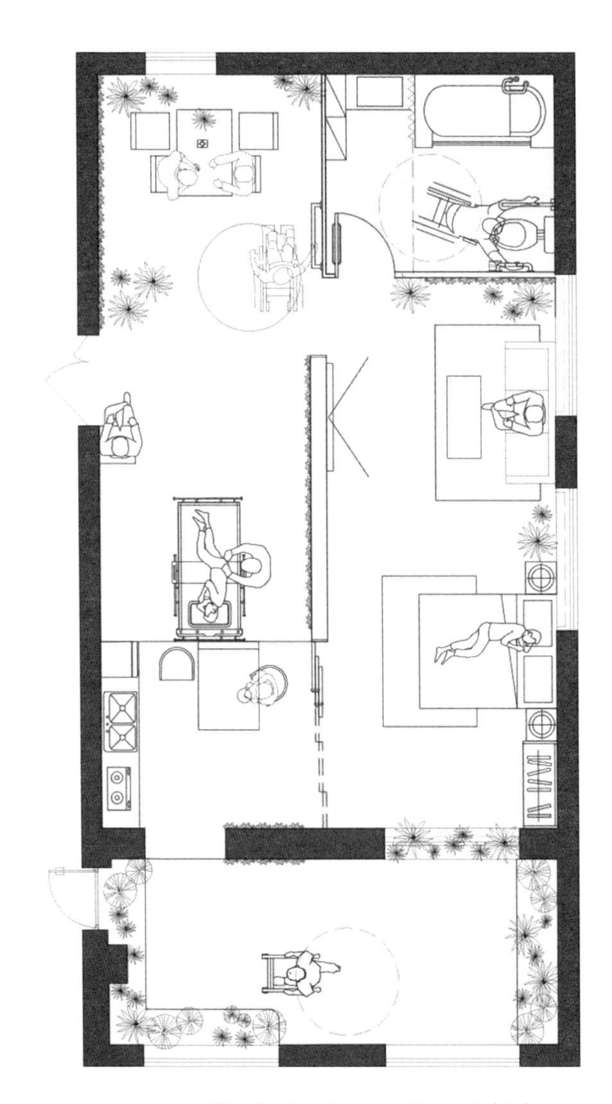

图4-23　方便半自理老年人的居家园艺服务环境（续）

研究表明，园艺疗法能有效控制失能老年人血压，减轻老年人的孤独感和抑郁情绪，提高其领悟水平，从而促进其身心健康。失能老年人主要通过视觉和嗅觉感受自然，因需要长期卧床，所以屋内需要留出足够的活动空间，方便病床移动，园艺空间以垂直绿化为主，由专业人员养护并定期养护更换，品种以具有康复功能的植物为主（图4-24）。

图4-24　方便失能老年人的居家园艺服务环境

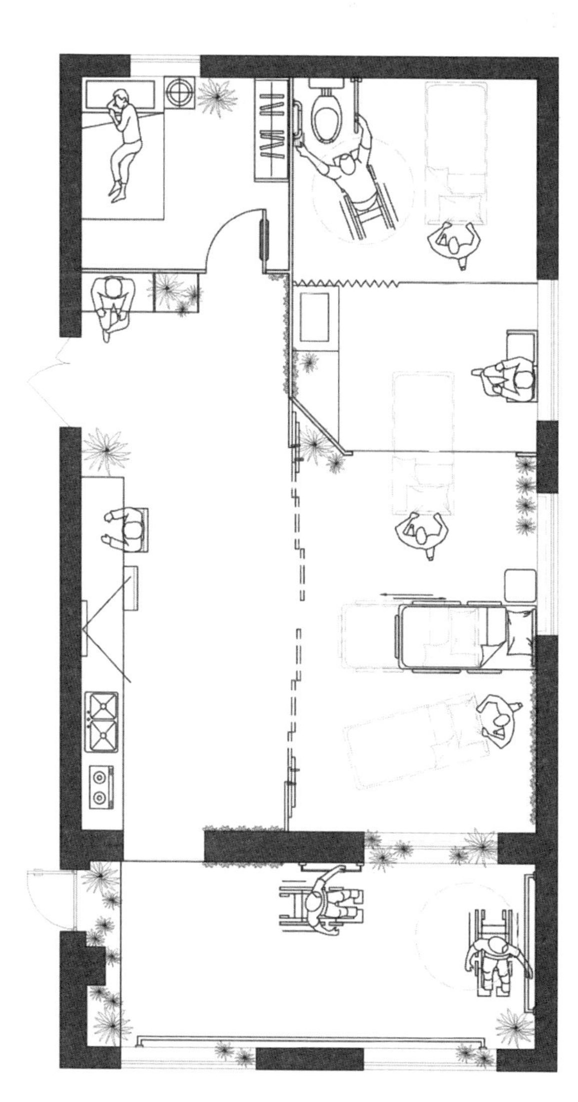

图4-24　方便失能老年人的居家园艺服务环境（续）

• REFERENCES

参考文献

[1] 总报告起草组，李志宏. 国家应对人口老龄化战略研究总报告 [J]. 老龄科学研究，2015，3（3）：4-38.

[2] 原新，金牛. 科学认识人口老龄化 [N]. 健康报，2021-12-07（8）.

[3] 孙爱军，刘生龙. 人口结构变迁的经济增长效应分析 [J]. 人口与经济，2014（1）：37-46.

[4] 邬沧萍，彭青云. 重新诠释“积极老龄化”的科学内涵 [J]. 中国社会工作，2018（17）：28-29.

[5] 李树华，刘畅，姚亚男. 康复景观研究前沿：热点议题与研究方法 [J]. 南方建筑，2018（3）：4-10.

[6] 湛东升，孟斌，张文忠，等. 北京市居民居住满意度感知与行为意向研究 [J]. 地理研究，2014，33（2）：336-348.

[7] CHAI Y W，LIU Z L，SHEN J. Changes of the DANWEI system and its effects [J]. Arid Land Geography，2008，31（2）：155-163.

[8] 陈宇. 居住建筑室内环境与健康关联影响表征模型研究 [D]. 大连：大连理工大学，2021.

[9] 章俊华，刘玮. 园艺疗法 [J]. 中国园林，2009，25（7）：19-23.

[10] 胡欢平. 园艺疗法对养老院失能老人身心健康的影响 [D]. 南昌：南昌大学，2020.

[11] 马婷. 中国老年人的热舒适评价 [D]. 上海：上海交通大学，2017.
[12] CJ H. Mechanisms of changes in basal metabolism during ageing [J]. European Journal of Clinical Nutrition. 2000，54 Suppl 3（54 Suppl 3）：S77-S91.
[13] 刘克为. 老年生物学 [M]. 北京：科学出版社，2007.
[14] 盖尔. 交往与空间 [M]. 何人可，译. 北京：中国建筑工业出版社，2002.
[15] 日本建筑学会. 高龄者のための建築環境 [M]. 东京：彰国社，1993.
[16] 王首一，王芸萱. 寒冷地区养老建筑冬季热舒适调查 [J]. 城市建筑，2019（23）.
[17] 冯思宁，王岩，林耕. 天津市机构养老设施室内热舒适性研究 [J]. 建筑科学，2016（12）.
[18] 姚新玲. 上海养老机构老年人居室热环境调查及分析 [J]. 暖通空调，2011（12）.
[19] 焦瑜，于一凡，胡玉婷，等. 室内热环境对老年人生理参数和健康影响到循证研究——以上海地区养老机构为例 [J]. 建筑技艺，2020（10）.
[20] 柴晨霞，夏博. 西安市改造型老年公寓冬季热环境测试研究 [J]. 城市

建筑，2020（23）.
[21] 魏欣桐，于戈，刘滢. 基于热舒适的严寒地区老年人照料设施设计策略研究 [J]. 建筑技艺，2019（12）.
[22] 中国建筑设计研究院有限公司. 居住环境适老化改造设计图解 [M]. 北京：中国建筑工业出版社，2006.
[23] 全国残疾人康复和专用设备标准化技术委员会. 康复辅助器具 分类和术语：GB/T 16432—2016 [S]. 北京：中国标准出版社，2016.
[24] 张航空，江华，冯喜良，等. 北京康复辅助器具（老年）发展报告（2018）[M]. 北京：社会科学文献出版社，2018.
[25] 王荣光. 辅助器具适配教程 [M]. 沈阳：辽宁人民出版社，2016.
[26] 李树华，姚亚男. 亚洲园艺疗法研究进展 [J]. 园林，2018，（12）：2-5.
[27] 刘博新. 面向中国老年人的康复景观循证设计研究 [D]. 北京：清华大学，2015.
[28] 卫大可，李熙，程雨濛. 适老建筑中可容纳担架电梯的相关研究 [J]. 建筑学报，2020（S1）.
[29] 王朝霞，王羽，王辛，等. 老年人居住建筑设计规范系列论证（一）——老年人轮椅回转空间基础实验 [J]. 住区，2015（1）.
[30] 王朝霞，王羽，王辛，等. 老年人居住建筑设计规范系列论证（二）——老年人居住空间中边界条件对轮椅回转的影响 [J]. 住区，2015（1）.
[31] 尚婷婷，王羽，余漾，等. 老年人使用不同助行设备通行与转向空间基础实验 [J]. 住区，2018（3）.
[32]《建筑设计资料集》编委会. 建筑设计资料集1 [M]. 2版. 北京：中国建筑工业出版社，1994.

[33] 杨抒媛. 基于需求理论的老年人卫浴设计研究 [D]. 重庆：重庆大学，2015.

[34] 清远市民政局. 老年人辅助器具应用手册（2021年版）. [EB/OL].（2022-01-14）[2023-06-27] http：//www.gdqy.gov.cn/qymzj/gkmlpt/content/1/1500/post_1500962.html#260.

[35] 李树华，黄秋韵. 基于老人身心健康指标定量测量的园艺活动干预功效研究综述.西北大学学报（自然科学版），2020，50（6）：852-866.

[36] 林芯仪. 基于领先用户法的老年洗浴辅具设计与研究[D]. 成都：西南交通大学，2018.

[37] 李树华. 园艺疗法概论 [M]. 北京：中国林业出版社，2011.

[38] 黄秋韵，康宁，李雪飞，等. 不同室内园艺活动对老人负性情绪的缓解效益 [J]. 西北大学学报（自然科学版），2020，50（6）：887-896.